JN205402

「ラフ集合理論」入門 1

“粗い情報”の理論と推論への応用

1

■序論
■ラフ集合理論の基礎
■非古典論理

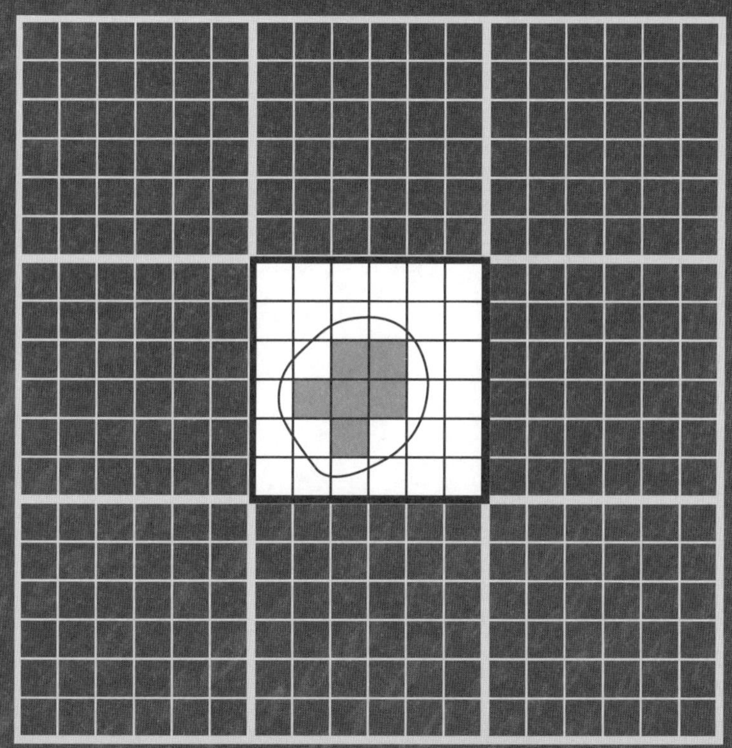

■+■ Upper approximation
■ Lower approximation

はじめに

過去50年間、「不確実性」を扱う多くの理論が研究されてきました。

すなわち、「ファジー集合理論」(Fuzzy st theory)、「証拠理論」(J-Stage)、「ラフ集合理論」(Rough sets theory)などです。

＊

そのうち、「ラフ集合理論」は、ポーランドのパブラック(Zdzislaw I. Pawlak)が、粗い情報をモデル化するものとして提案しました。(1982年)

その後、さまざまな分野に応用されるようになり、「ファジー集合理論」と並ぶ重要な理論として認識されています。

＊

「「ラフ集合理論」入門」は、基礎的な第1巻と、各論的な第2巻で構成されています。

上巻となる本書は、**第1章**で、「ラフ集合理論」の「基本的考え方」や、「歴史」「応用」を紹介。

第2章で、「ラフ集合理論」の理論的基礎である、パブラックの理論と「可変精度ラフ集合モデル」を説明した後、関連する理論を紹介します。

第3章で、「非古典論理」のうち、「様相論理」「多値論理」「直観主義論理」「パラ コンシステント論理」などを紹介しています。

＊

「ラフ集合理論」は、「不確実性」のモデルを提供する重要な理論であり、今後、その応用分野は拡大すると思われます。

したがって、「ラフ集合理論」の基礎を理解するのは非常に有益で、本書がその助けになれば幸いです。

赤間　世紀

「ラフ集合理論」入門 1
“粗い情報”の理論と推論への応用

CONTENTS

第1章

序　論

この章では、「ラフ集合理論」の概要を簡潔に説明します。
「ラフ集合理論」は、「理論的」および「応用的」に興味深いものですが、ここでは、その「基本的考え方」「歴史」「応用」を紹介します。

1.1　ラフ集合理論

パブラック (Pawlak) は、1982 年に「**ラフ集合理論**」(rough set theory: ラフ集合論) を提案しました (Pawlak [160, 161] 参照)。

「ラフ集合理論」は、「**ラフ集合**」(rough set) を用いた『粗い』情報を記述する数学モデルで、標準的な「**集合理論**」(set theory: 集合論) の拡張と見なされます。

すなわち、空間の「部分集合」が「下近似」「上近似」という 2 つの「集合」の対として形式化されます[1]。

*

「ラフ集合理論」では、「**同値関係**」(equivalence relation)、すなわち、「**反射性**」「**対称性**」「**推移性**」を満足する「関係」が、 重要な役割を果たします。

「同値関係」をベースに「下近似」「上近似」が定義され、**不完全情報**を記述できます。

もちろん、「同値関係」以外の「関係」で「ラフ集合理論」を展開することもできますが、「同値関係」を用いることは出発点になります。

実際、パブラックの提案以降、さまざまな「関係」を用いた「ラフ集合理論」が研究されています。

「ラフ集合理論」は、特に、「データ表」から「知識」を抽出するのに有用ですが、後述するように。「**データ分析**」「**意思決定**」「**機械**

[1]なお、ここで用いられている専門用語については、 次章以降で詳しく説明します。

学習」などにも応用されています。

また、「ラフ集合理論」は「**論理**」(logic) と深く関連します。

すなわち、「ラフ集合」は、いくつかの「**非古典論理**」(non-classical logic) による形式化が可能です。

現在、「ラフ集合理論」は、不正確で不確実なデータおよびデータからの推論の重要な枠組みの 1 つになっており、さまざまな分野に応用されています。

*

本書は、「ラフ集合理論」の理論的基礎を解説し、人間の知能をコンピュータで扱う「**人工知能**」(Artificial Intelligence, AI) などで研究されている「推論」の一般的枠組みを示します。

また、関連する「集合」「論理」などの理論も説明します。

※なお、「人工知能」の概要については、赤間 [17] などを参照してください。

1.2 歴史

では、「ラフ集合理論」の歴史を簡単に紹介します。

1981 年、パブラックは、**「情報システム」**(information system) を提案しました (Pawlak [159] 参照)。

「情報システム」は「ラフ集合理論」と多くの考え方を共有しており、「ラフ集合理論」の先行的研究と見なされます。

1982 年、パブラックは、不正確なデータからの推論を扱うため、**「ラフ集合」**(rough set) を提案しました (Pawlak [159] 参照)。

なお、彼の「ラフ集合理論」についての一連の研究は、1991 年にモノグラフとして出版されました (Pawlak [160] 参照)。

パブラックの出発点は、「知識」の形式的分類を与えることです。

したがって、「ラフ集合理論」は「知識の論理」と密接に関連します。

*

実際、オルロウスカ (Orlowska) は、1988 年に「概念学習」の論理的側面を研究しています (Orlowska [152] 参照)。

彼女は、1989 年に「知識推論の論理」を提案しています (Orlowska [153] 参照)。

彼女のシステムは、「ラフ集合」と「様相論理」の関連を示すものです。

なぜなら、彼女の提案したシステムは本質的に様相論理「S5」と同等であるからです。

＊

ファリナス・デル・セロ (Fariñas del Cerro) とオルロウスカは、1985 年に、データ分析論理「*DAL*」を提案しました (Fariñas del Cerro and Orlowska [61] 参照)。

「*DAL*」は、「ラフ集合理論」の考え方に啓発された「様相論理」です。

彼らの研究は、「様相論理」が「データ分析」に非常に興味深いことを示しています。

＊

ジアルコ (Ziarko) は、1993 年に、「可変精度ラフ集合モデル」(variable precision rough set (VPRS) models) を提案しました (Ziarko [19 参照)。

ジアルコの研究は、確率的情報や矛盾情報を扱えるように「ラフ集合理論」を拡張したものです。

＊

ヤオ (Yao) とリン (Lin) は、1986 年に、「クリプキモデル」を用いて「一般ラフ集合モデル」と「様相論理」の関係を研究しました (Yao and Lin [184] 参照)。

彼らの研究で、「ラフ集合」の「下近似」(「上近似」) は「必然性」(「可能性」) に密接に関連することが明らかになりました。

＊

「ラフ集合理論」と「ファジー理論」はいずれも「あいまい性」を扱う理論なので、これら 2 つを融合させることを考慮するのは自然な流れです。

文献では、いくつかのアプローチがあります。

たとえば、ドュボア (Dubois) とプラド (Prade) [55] は、1989 年に、これら 2 つの違いを明確にし、**「ファジーラフ集合」** (fuzzy rough set) と **「ラフファジー集合」** (rough fuzzy set) を提案しました。

前者は「同値関係」をファジー化するもので、後者は「ファジー集合」の「上近似」と「下近似」を用いるものです。

応用によって、いずれかを選択できます。

*

中村 (Nakamura) とガオ (Gao) [146] も、「ファジーデータ分析」との関連で、1991 年に、「ファジーラフ集合」を提案しています。彼らのアプローチは、「*DAL*」に影響を受けた「様相論理」に基づいています。

*

パリアーニ (Pagliani) は、1996 年に、**「ネルソン代数」** (Nelson algebra) に基づく「ラフ集合理論」の基礎を示しました (Pagliani [156] 参照)。

後に、彼は、あいまい性の表現における否定の役割を議論しています (Pagliani [157] 参照)。

*

「ラフ集合論理」は、1997 年に、ドュンチェ (Düntsch) によって提案されました。

これは後述するポミカラらの研究を利用し、「ラフ集合」の「命題論理」と「二重ストーン代数」に基づくその代数的意味論を記述しています。

*

ポミカラ (J. Pomykala and J.A. Pomykala) [164] らは、1998 年に、「近似空間」の集合族が「正規二重ストーン代数」を形成することを証明しています。

この結果は、集合のすべての部分集合族が「ブール代数」を形成し、その「論理」が「古典命題論理」になる、という有名な事実に類似するものです。

*

「ラフ集合理論」は、「非古典論理」の意味論的基礎を提供します。

たとえば、赤間 (Akama) と村井 (Murai) は、2005 年に、「3 値論理」の「ラフ集合意味論」を提案しています (Akama and Murai [12] 参照)。

*

宮本 (Miyamoto) らは、2007 年に、多重様相インデックス上の束構造をもつ多重様相システム族を提案しました (Miyamoto et al. [131] 参照)。

彼らは、2 つの応用を示しています。

1 つは「一般可能性測度」で、もう 1 つは「関係データベース」のような表としての「情報システム」です。

この研究は、「ラフ集合理論」を一般化するもので、提案された「ラフ集合」は「**マルチラフ集合**」(multi-rough set) と言います。

*

工藤 (Kudo) らは、2009 年に、「VPRS モデル」と様相論理の測度ベース意味論 (Murai et al. [136, 138, 139]) に基づいた「グラニュラリティ・ベース」の推論の一般的枠組みを提案しています (Kudo et al. [106] 参照)。

彼らの研究は、「ラフ集合理論」の枠組みで、さまざまなタイプの「推論」 (演繹、帰納、アブダクションなど) を統一的に記述するもので、いくつかの AI 問題に応用できます。

*

赤間らは、2013 年に、ドュンチェの「ラフ集合論理」を拡張した「ハイティング=ブロウウェルラフ集合論理」を提案しています (Akama et. al [13] 参照)。

この論理は「含意記号」を含み、ラフ情報の推論に有用です。

また、そのサブシステムは、曖昧性の論理として用いることができます（Akama et al. [14] 参照)。

*

「ラフ集合理論」は、現在、多くの分野に応用され、多数の文献が出版されています。

また、いくつかの教科書もあります (たとえば、Polkowski [163])。

※なお、本書は、筆者らの研究 (Akama et al. [15] 参照) をベースに、「ラフ集合理論」とその「推論」への応用を平易に解説したものです。

1.3 応用

本節では、「ラフ集合理論」の応用を簡潔に紹介します。

もちろん、下記の説明は完全ではありませんが、「ラフ集合理論」が工学的応用などにおいて興味深いものであることを示すには充分だと思われます。

「ラフ集合理論」は、他の理論とは違って、データについての事前の情報や追加的情報を必要としない、という利点をもっています。

すなわち、「確率」「基本確率」「デンプスター＝シェーファー理論の割り当て」「ファジー集合理論のメンバーシップ」のような概念は用いません。

この点によって、多くの応用に成功しています。

＊

「ラフ集合理論」の主な応用例は、次の通りです。

- 機械学習
- データ・マイニング
- 意思決定
- 画像処理
- スイッチング回路
- ロボティックス
- 数学
- 医学

■ 機械学習

「機械学習」(Machine Learning: (ML) は「人工知能」の一分野で、「学習」と簡単に言うこともあります。

「機械学習」は、コンピュータに学習する能力を与えることを目標としています。

オルロウスカ (Orlowska [152]) は、学習概念の論理的側面を「様相論理」を用い研究しています。「ラフ集合理論」を利用した「学習」へのアプローチは、パブラック (Pawlak [161]) によって探求されています。彼は、「事例学習」と「帰納学習」を議論しています。

■ データ・マイニング

「データ・マイニング」(Data Mining) は、大規模データベースからパターンを見つけるプロセスを研究する分野で、**「データベースにおける知識発見」**(knowledge discovery in database: KDD) とも言われます。

現在、いわゆる「ビッグ・データ」の存在により、さまざまな分野の研究者が「データ・マイニング」を研究しています。

なお、「データ・マイニング」の詳細については、Adriaans and Zantinge [3] などを参照してください。

「データ・マイニング」の手法にはさまざまなアプローチがありますが、「ラフ集合理論」は有用な 1 つと考えられています (Lin and Cercone [114] 参照)。

なぜなら、「ラフ集合理論」は「情報システム」の形式化が可能だからです。

実際、「デシジョン・テーブル」を利用した手法は、「データ・マイニング」に非常に役に立ちます。

■意思決定

「**意思決定**」(decision making) は、可能なオプションからの論理的選択を行なうもので、我々の「意思決定」の支援を行なうシステムは、「**意思決定支援システム**」(decision support system: DSS) と言います。

「デシジョン・テーブル」とその簡略化は、「意思決定」に応用できます (Slowinski et al. [179] 参照)。

■画像処理

「**画像処理**」(image processing) は、画像データおよびそれらのさまざまな処理を行なうものです。

「画像」「音声」などのデータを扱うのは、総称して「**パターン認識**」(pattern recognition) と言います。

「画像処理」において、「ラフ集合理論」は、特に、「区分化」「情報抽出」に有用です (Pal et al. [158])。

他の興味深い応用としては、「分類」「検索」などがあり、これらは標準的なアプローチでは多くの問題があります。

■スイッチング回路

「**スイッチング回路**」(switching circuit) は、コンピュータのハードウェア設計の基礎で、「**カルノー図**」(Karnaugh map) などの有効な手法が確立されています。

しかし、「ラフ集合理論」は、別の「スイッチング回路」の基礎にもなります。

実際、「スイッチング関数」は「デシジョン・テーブル」で記述でき、簡略化をすることができます。

この手法は、「ラフ集合理論」の枠組みで完全に形式化されます (Pawlak [161])。

■ロボティックス

「**ロボティックス**」(Robotics: ロボット工学) は、ロボットを構築する分野です。

「ロボット・システム」には、単純なものから人間型までのさまざまな種類がありますが、それぞれにハードウェアとソフトウェアの技術が必要になります。

実用的なロボットはさまざまなステージで「不確実性」に直面するので、「ラフ集合理論」が応用できます (Bit and Beaubouef [38] 参照)。

■数学

「数学」(Mathematics) は、「ラフ集合理論」の枠組みで展開できます。

「ラフ集合理論」は標準的な「集合理論」を一般化したものであり、拡張とも解釈できます。
したがって、「ラフ集合理論」において、興味深い数学的結果を得ることができるかもしれません。

しかし、数学的問題への応用は充分には研究されていません。

■医学

「医学」(Medicine) は、「ラフ集合理論」の有効な応用分野の 1 つです。なぜなら、医療データは、不完全、かつ、あいまいな場合が多いからです。

医者は、完全な情報なしに、患者を診察し、最良の治療を行なわなくてはなりません。

「ラフ集合理論」の医学への応用についての研究は多くあります。
たとえば、津本らは「ラフ集合」に基づく診断ルールのモデル (Tsumoto [183]) や医療画像の解析モデル (Hirano and Tsumoto [80]) を提案しています。

*

近年、計算問題の”不正確”な解決を扱う分野は、まとめて「**ソフト・コンピューティング**」(soft computing) と言われるようになっていますが、「ラフ集合理論」はその 1 つのアプローチです。

なお、他の基礎としては、「ファジー論理」「進化計算」「機械学習」「確率論」などがあります。

「ラフ集合理論」には、上記で述べたように、他のアプローチより多くの利点がある、と考えられます。

第2章

ラフ集合理論の基礎

この章では、「ラフ集合理論」の理論的基礎を解説します。
「ラフ集合理論」を応用するには、その理論的基礎を理解する必要があります。
そこで、まず、パブラックの理論と「可変精度ラフ集合モデル」を説明した後、関連する理論を紹介します。

2.1 パブラックの理論

「ラフ集合」はパブラックによって提案されたので、まず、彼の理論の概要を説明します (Pawlak [161] 参照)。

パブラックの出発点は、**「ラフ集合」**(rough set) という新しい概念を導入して「知識」の理論を構築することでした。

「オブジェクト」(object) は、たとえば、「物」「状態」「抽象概念」などです。

我々は、「知識」は「オブジェクト」を分類する能力に基づくと仮定します。

よって、「知識」は必然的にさまざまな“類パターン”に関連します。

※なお、“分類パターン”は、**「談話領域」**(universe of discourse)、または「領域」と言われる“実世界”または“抽象世界”の一部と関連します。

*

では、形式的説明に移ります。

※なお、以下では標準的な「集合理論」の記法を用います。

「U」を「オブジェクト」の“空(くう)でない有限集合”で、「談話領域」とします。

「領域」の任意の部分集合「$X \subseteq U$」を「U」の「**概念**」(concept) または「**カテゴリ**」(category) と言います。

「U」の「概念」の任意の族は、「U」についての「**知識**」(knowledge) と言います。

※なお、空(くう)集合「$\emptyset$」も「概念」であることに注意してください。

我々は、主に、ある領域「U」の分割 (分類) を形成する「概念」を扱います。

すなわち、「$X_i \subseteq U$」「$X_i \neq \emptyset$」「$X_i \cap X_j = \emptyset$」($i \neq j, i, j = 1, ..., n$) かつ「$\bigcup X_i = U$」である「$C = \{X_1, X_2, ..., X_n\}$」です。

「U」の「分類」の族は、「U」の「**知識ベース**」(knowledge base) と言います。

＊

「分類」は、「**同値関係**」(equivalence relation) を用いて記述できます。

「R」が「U」において「同値関係」ならば、「U/R」は「R」のすべての「同値クラス」(または「U」の「分類」) の族を表わし、「R」の「カテゴリ」または「概念」と言います。

また、「$[x]_R$」は要素「$x \in U$」を含む「R」の「カテゴリ」を表わします。

「知識ベース」は、関係システム「$K = (U, \mathbf{R})$」で定義されます。

ここで、「$U \neq \emptyset$」は有限集合で「領域」を表わし、「$\mathbf{R}$」は「U」の「同値関係」の族を表わします。

「$IND(K) = \{IND(\mathbf{P}) \mid \emptyset \neq \mathbf{P} \subseteq \mathbf{R}\}$」と定義すると、「$IND(K)$」は「$K$」のすべての基本関係を含む「同値関係」の「最小集合」になり、「同値関係」の「積集合」について閉じています。

もし「$\mathbf{P} \subseteq \mathbf{R}$」かつ「$\mathbf{P} \neq \emptyset$」ならば、「$\bigcap \mathbf{P}$」は「$\mathbf{P}$」に属するすべての「同値関係」の「積集合」になり、「$IND(\mathbf{P})$」と書きます。

「$IND(\mathbf{P})$」は、「$\mathbf{P}$」の「**識別不能関係**」(indiscernibility relation)と言い、「同値関係」で以下を満足します。

$$[x]_{IND(\mathbf{P})} = \bigcap_{R \in \mathbf{P}} [x]_R.$$

したがって、「同値関係」のすべての「同値類」の族「$IND(\mathbf{P})$」、すなわち、「$U/IND(\mathbf{P})$」は、同値関係「$\mathbf{P}$」の族に付随する「知識」を表わします。

以降、簡略化のため、「$U/IND(\mathbf{P})$」の代わりに「$U/\mathbf{P}$」と書くことにします。

*

「$\mathbf{P}$」は、「**$\mathbf{P}$-基本知識**」($\mathbf{P}$-basic knowledge) とも言います。

「$IND(\mathbf{P})$」の「同値類」は、知識「$\mathbf{P}$」の「基本カテゴリ (概念)」(basic categories (concepts)) と言います。

特に、もし「$Q \in \mathbf{R}$」ならば、「Q」は (「K」の「U」についての)「**Q-単純知識**」(Q-elementary knowledge) と言います。

また、「Q」の「同値類」は、知識「$\mathbf{R}$」の「**Q-単純概念 (カテゴリ)**」と言います。

*

では、「ラフ集合」の基本的性質を述べます。

「$X \subseteq U$」とし、「R」を「同値関係」とします。

もし、「X」がいくつかの「X-基本カテゴリ」の「和集合」なら、「X」は「**R-定義可能**」(R-definable) と言い、そうでなければ「**R-定義不能**」(R-undefinable) と言います。

*

「R-定義可能集合」は、知識ベース「K」で正確に定義できる「空間」の「部分集合」です。

一方、「R-定義不能集合」は、「K」で定義できない集合です。

「R-定義可能集合」は「**R-正確集合**」(R-exact)、「R-定義不能集合」は「**R-不正確**」(R-inexact) または 「**R-ラフ**」(R-rough) と言います。

集合「$X \subseteq U$」は「X」が「R-正確」である同値関係「$R \in IND(K)$」が存在するならば 「K」で「**正確**」(exact) と言い、「X」が任意の「$R \in IND(K)$」について「X-ラフ」ならば「K」で「**ラフ**」(rough) と言います。

※なお、「ラフ集合」は、以下で説明するように、2 つの「正確集合」、すなわち、「集合」の「下近似」と「上近似」によって"近似的"に定義することもできます。

＊

知識ベース「$K = (U, \mathbf{R})$」が与えられていると仮定し、部分集合「$X \subseteq U$」と同値関係「$R \in IND(K)$」に次の 2 つの「部分集合」を付随させます。

$$\underline{R}X = \bigcup\{Y \in U/R \mid Y \subseteq X\}$$
$$\overline{R}X = \bigcup\{Y \in U/R \mid Y \cap X \neq \emptyset\}$$

ここで、「$\underline{R}X$」は「X」の「**R-下近似**」(R-lower approximation) と言い、「$\overline{R}X$」は「X」の「**R-上近似**」(R-upper approximation) と言います。

これらは、それぞれ、省略して「下近似」「上近似」とも言います。

対「$(\underline{R}(X), \overline{R}(X)$」は、「$X$」についての「ラフ集合」と言います。

「下近似」「上近似」は、次の「同値」な 2 つの形でも定義できます。

すなわち、

$$\underline{R}X = \{x \in U \mid [x]_R \subseteq X\}$$
$$\overline{R}X = \{x \in U \mid [x]_R \cap X \neq \emptyset\}$$

または、

$$x \in \underline{R} \text{ iff } [x]_R \subseteq X$$
$$x \in \overline{R} \text{ iff } [x]_R \cap X \neq \emptyset.$$

となります。

上記の 3 つの定義から、「下近似」「上近似」は、次のように解釈できます。

集合「$\underline{R}X$」は、知識ベース「R」の「X」の要素として分類できる"必然性"がある「U」のすべての要素の「集合」になります。

集合「$\overline{R}X$」は、知識ベース「R」の「X」の要素として分類できる"可能性"がある「U」の要素の集合になります。

*

「X」の「R-**正領域**」(R-positive region: $POS_R(X)$)、「R-**負領域**」(R-negative region: $NEG_R(X)$)、「R-**境界領域**」(R-borderline region: $BN_R(X)$) は、以下のように定義されます。

$$POS_R(X) = \underline{R}X$$
$$NEG_R(X) = U - \overline{R}X$$
$$BN_R(X) = \overline{R}X - \underline{R}X.$$

「X」の正領域「$POS_R(X)$」(または「X」の「下近似」) は、知識「R」を用いて集合「X」の要素に確かに分類できる実体の集まりになります。

「X」の負領域「$NEG_R(X)$」は、知識「R」を用い集合「X」の要素に分類できない、すなわち、「X」の「補集合」に分類できる実体の集まりになります。

「X」の境界領域「$BN_R(X)$」は、知識「R」を用い集合「X」または集合「$-X$」に分類できない、実体集まりです。

これは、「空間」の「非決定的領域」になります。

すなわち、「境界領域」に属する実体は、「R」について確かに「X」または「$-X$」に分類できません。

*

では、「ラフ集合」のいくつかの形式的結果を示しますが、それらの証明は Pawlak [161] で示されています。

「**命題 2.1**」 は、自明な結果です。

[**命題 2.1**]

以下が成り立つ。

(1) 「X」が「R-定義可能」 $\Leftrightarrow$ 「$\underline{R}X = \overline{R}X$」

(2) 「X」が「R」について「ラフ」 $\Leftrightarrow$ 「$\underline{R}X \neq \overline{R}X$」

「**命題 2.2** 」は、「近似」の基本的性質を表わしています。

[**命題 2.2**]

「R-下近似」「R-上近似」は、以下の性質を満足する。

(1) $\underline{R}X \subseteq X \subseteq \overline{R}X$

(2) $\underline{R}\emptyset = \overline{R}\emptyset = \emptyset,\ \underline{R}U = \overline{R}U = U$

(3) $\overline{R}(X \cup Y) = \overline{R}X \cup \overline{R}Y$

(4) $\underline{R}(X \cap Y) = \underline{R}X \cap \overline{R}Y$

(5) $X \subseteq Y \ \Rightarrow\ \underline{R}X \subseteq \underline{R}Y$

(6) $X \subseteq Y \ \Rightarrow\ \overline{R}X \subseteq \overline{R}Y$

(7) $\underline{R}(X \cup Y) \supseteq \underline{R}X \cup \underline{R}Y$

(8) $\overline{R}(X \cap Y) \subseteq \overline{R}X \cap \overline{R}Y$

(9) $\underline{R}(-X) = -\overline{R}X$

(10) $\overline{R}(-X) = -\underline{R}X$

(11) $\underline{R}\underline{R}X = \overline{R}\underline{R}X = \underline{R}X$

(12) $\overline{R}\overline{R}X = \underline{R}\overline{R}X = \overline{R}X$

「集合」の「近似」の概念は、「メンバーシップ関係」にも適用できます。

「ラフ集合理論」では、「集合」の定義は「集合」の「知識」に付随するので、「メンバーシップ関係」は「知識」に関連されます。

よって、2 種類のメンバーシップ関係「$\underline{\in}_R$」「$\overline{\in}_R$」を定義できます。

「$x\underline{\in}_R X$」は"「x」が「X」に属する必然性がある"と解釈され、「$\overline{\in}_R$」は"「x」が「X」に属する可能性がある"と解釈されます。

「$\underline{\in}_R$」「$\overline{\in}_R$」は、それぞれ、「R-下近似メンバーシップ」「R-上近似メンバーシップ」と言います。

＊

「**命題 2.3**」は、「メンバーシップ関係」の基本的性質を表わしています。

［命題 **2.3**］

「R-下近似メンバーシップ」「R-上近似メンバーシップ」は、以下の性質を満足する。

(1) $x \underline{\in}_R X \Rightarrow x \in X \Rightarrow x \overline{\in}_R X$

(2) $X \subseteq Y \Rightarrow (x \underline{\in}_R X \Rightarrow x \underline{\in}_R Y$ かつ $x \overline{\in}_R X \Rightarrow x \overline{\in}_R Y)$

(3) $x \overline{\in}_R (X \cup Y) \Leftrightarrow x \overline{\in}_R X$ または $x \overline{\in}_R Y$

(4) $x \underline{\in}_R (X \cap Y) \Leftrightarrow x \underline{\in}_R X$ かつ $x \underline{\in}_R Y$

(5) $x \underline{\in}_R X$ または $x \underline{\in}_R Y \Rightarrow x \underline{\in}_R (X \cup Y)$

(6) $x \overline{\in}_R (X \cap Y) \Rightarrow x \overline{\in}_R X$ かつ $x \overline{\in}_R Y$

(7) $x \underline{\in}_R (-X) \Leftrightarrow x \overline{\notin}_R X$

(8) $x \overline{\in}_R (-X) \Leftrightarrow x \underline{\notin}_R X$

「**近似等号**」(approximate (rough) equality) は、「ラフ集合理論」における「等号」の概念です。

3 種類の「近似等号」を導入することができます。

「$K = (U, \mathbf{R})$」を「知識ベース」とし、「$X, Y \subseteq U$」「$R \in IND(K)$」とします。

(1) 集合「X」「Y」は、「$\underline{R}X = \underline{R}Y$」ならば、「ボトム R で等しい」(「$(X \eqsim_R Y)$」)

(2) 集合「X」「Y」は、「$\overline{R}X = \overline{R}Y$」ならば、「トップ R で等しい」(「$(X \simeq_R Y)$」)

(3) 集合「X」「Y」は、「$X \eqsim_R Y$」「$X \simeq_R Y$」ならば、「R で等しい」(「$(X \approx_R Y)$」)

これらの「等号」は、任意の識別不能関係「R」について「同値関係」になります。

「$X \eqsim_R Y$」は、集合「X」「Y」の正例が等しいことを意味します。

「$(X \simeq_R Y)$」は、集合「X」「Y」の負例が等しいことを意味します。

「$(X \approx_R Y)$」は、集合「X」「Y」の正例および負例が等しいことを意味します。

これらの「等号」は、次の「**命題 2.4**」を満足します (添字「R」は省略しています)。

[命題 **2.4**]

任意の「同値関係」について、以下の性質が成り立つ。

(1) 「$X \overline{\sim} Y$」$\Leftrightarrow$「$X \cap X \overline{\sim} X$」かつ「$X \cap Y \overline{\sim} Y$」

(2) 「$X \simeq Y$」$\Leftrightarrow$「$X \cup Y \simeq X$」かつ「$X \cup Y \simeq Y$」

(3) 「$X \simeq X'$」かつ「$Y \simeq Y'$」ならば「$X \cup Y \simeq X' \cup Y'$」

(4) 「$X \overline{\sim} X'$」かつ「$Y \overline{\sim} Y'$」ならば「$X \cap Y \overline{\sim} X' \cap Y'$」

(5) 「$X \simeq Y$」ならば「$X \cup -Y \simeq U$」

(6) 「$X \overline{\sim} Y$」ならば「$X \cap -Y \overline{\sim} \emptyset$」

(7) 「$X \subseteq Y$」かつ「$Y \simeq \emptyset$」ならば「$X \simeq \emptyset$」

(8) 「$X \subseteq Y$」かつ「$Y \simeq U$」ならば「$X \simeq U$」

(9) 「$X \simeq Y$」$\Leftrightarrow$「$-X \overline{\sim} -Y$」

(10) 「$X \overline{\sim} \emptyset$」または「$Y \overline{\sim} \emptyset$」ならば「$X \cap Y \overline{\sim} \emptyset$」

(11) 「$X \simeq U$」または「$Y \simeq U$」ならば「$X \cup Y \simeq U$」

次の「**命題 2.5**」は、「集合」の「下近似」「上近似」は」「ラフ等号」によって記述できる、ことを示しています。

[**命題 2.5**]

任意の「同値関係」について、以下の性質が成り立つ。

(1) 「$\underline{R}X$」は、「$X \overline{\sim}_R Y$」を満足するすべての「$Y \subseteq U$」の「積集合」になる。

(2) 「$\overline{R}X$」は、「$X \simeq_R Y$」を満足するすべての「$Y \subseteq U$」の「和集合」になる。

*

同様にして、「集合」の「ラフ包含関係」を定義できます。

3 種類の「ラフ包含関係」が定義可能です。

「$K = (U, \mathbf{R})$」を「知識ベース」とし、「$X, Y \subseteq U$」「$R \in IND(K)$」とすると、以下のように定義します。

(1) 集合「X」は 集合「Y」に「ボトム R で包含される」($X \underset{\sim}{\subset}_R Y$) $\Leftrightarrow$ 「$\underline{R}X \subseteq \underline{R}Y$」

(2) 集合「X」は 集合「Y」に「トップ R で包含される」($X \overset{\sim}{\subset}_R Y$) $\Leftrightarrow$ 「$\overline{R}X \subseteq \overline{R}Y$」

(3) 集合「X」は 集合「Y」に「R で包含される」($X \overset{\sim}{\underset{\sim}{\subset}}_R Y$) $\Leftrightarrow$ 「$X \overset{\sim}{\subset}_R Y$」かつ「$X \underset{\sim}{\subset}_R Y$.」

「$\underset{\sim}{\subset}_R$」「$\overset{\sim}{\subset}_R$」「$\overset{\sim}{\underset{\sim}{\subset}}_R$」は、「**前順序関係**」(quasi ordering relation, pre-ordering relation) になり、それぞれ、「下近似包含関係」「上近似包含関係」「ラフ包含関係」と言います。

「集合」の「ラフ包含関係」は、「集合」の「包含関係」を含意しないことに注意してください。

次の「**命題 2.6**」は、「ラフ包含関係」の性質を表わしています。

[**命題 2.6**]

「ラフ包含関係」は、以下の性質を満足する。

(1) 「$X \subseteq Y$」ならば「$X \underset{\sim}{\subset} Y$」「$X \overset{\sim}{\subset} Y$」「$X \overset{\sim}{\underset{\sim}{\subset}} Y$」

(2) 「$X \underset{\sim}{\subset} Y$} かつ「$Y \underset{\sim}{\subset} X$」ならば「$X \eqsim Y$」

(3) 「$X \overset{\sim}{\subset} Y$」かつ「$Y \overset{\sim}{\subset} X$」ならば「$X \simeq Y$」

(4) 「$X \overset{\sim}{\underset{\sim}{\subset}} Y$」かつ「$Y \overset{\sim}{\underset{\sim}{\subset}} X$」ならば「$X \approx Y$」

(5) 「$X \overset{\sim}{\subset} Y$」$\Leftrightarrow$「$X \cup Y \simeq Y$」

(6) 「$X \underset{\sim}{\subset} Y$」$\Leftrightarrow$「$X \cap Y \eqsim Y$」

(7) 「$X \subseteq Y$」「$X \eqsim X'$」かつ「$Y \eqsim Y'$」ならば「$X' \underset{\sim}{\subset} Y'$」

(8) 「$X \subseteq Y$」「$X \simeq X'$」かつ「$Y \simeq Y'$」

ならば「$X' \overset{\sim}{\subset} Y'$」

(9) 「$X \subseteq Y$」「$X \approx X'$」かつ「$Y \approx Y'$」
ならば「$X' \overset{\sim}{\underset{\sim}{\subset}} Y'$」

(10) 「$X' \overset{\sim}{\subset} X$」「$Y' \overset{\sim}{\subset} Y$」ならば
「$X' \cup Y' \overset{\sim}{\subset} X \cup Y$」

(11) 「$X' \underset{\sim}{\subset} X$」「$Y' \underset{\sim}{\subset} Y$」
ならば「$X' \cap Y' \underset{\sim}{\subset} X \cap Y$」

(12) 「$X \cap Y \underset{\sim}{\subset} X \overset{\sim}{\subset} X \cup Y$」

(13) 「$X \underset{\sim}{\subset} Y$」「$X \eqsim Z$」ならば「$Z \underset{\sim}{\subset} Y$」

(14) 「$X \overset{\sim}{\subset} Y$」「$X \simeq Z$」ならば「$Z \overset{\sim}{\subset} Y$」

(15) 「$X \overset{\sim}{\underset{\sim}{\subset}} Y$」「$X \approx Z$」ならば「$Z \overset{\sim}{\underset{\sim}{\subset}} Y$」

上記の性質は、「$\eqsim$」を「$\simeq$」(または逆に)」に変えると、成り立ちません。

また、「R」が「同値関係」ならば、上記の 3 種類の「ラフ包含関係」は、通常の「包含関係」になります。

2.2 「可変精度」ラフ集合モデル

ジアルコ (Ziarko) は、パブラックの「ラフ集合モデル」を、「**「可変精度」ラフ集合モデル**」(variable precision rough set (VPRS) model) として一般化しました (Ziarko [196])。

このモデルは、パブラックのモデルの不正確情報をモデル化できない問題を克服したもので、新しい仮定を追加しなくて導かれます。

＊

パブラックの「ラフ集合モデル」の限界として、ジアルコは **2 つの点**を議論しています。

1 つの点は、制御された不確実性の度合をもつ分類ができないことです。

分類プロセスにおけるあるレベルの不確実性は、「データ分析」のより良い理解を与えます。

もう 1 つの点は、パブラックのモデルでは、「データ・オブジェクト」の空間「U」が既知である、と仮定していることです。

したがって、この「モデル」から導かれるすべての結論は、このオブジェクトの「集合」のみに適用可能になります。

より大きい「空間」の性質についての不確実な仮定を導入するのは、有用です。

ジアルコの拡張ラフ集合モデルは、「集合」標準的な「包含関係」を一般化し、多量で正確な「分類」における「非分類」の「度合」を記述できます。

＊

「X」「Y」を、有限空間「U」の空(くう)でない「部分集合」とします。

「X」が「Y」に含まれる $(Y \supseteq X)$ のは、すべての集合「X」「Y」と要素「e」について「$e \in X$」が「$e \in Y$」が含意するときです。

ここで、集合「X」の集合「Y」についての非分類の相対的度合「$c(X,Y)$」を、以下のように導入します。

$c(X,Y) = 1 - \mathrm{card}(X \cap Y)/\mathrm{card}(X)$ （「$\mathrm{card}(X) > 0$」のとき）または
$c(X,Y) = 0$ （「$\mathrm{card}(X) = 0$」のとき）

ここで、「card」は「集合」の「濃度」を表わします。

「$c(X,Y)$」は、「相対的分類エラー」とも言います。

実際の誤り分類数は、積「$c(X,Y) * \mathrm{card}(X)$」、すなわち、「絶対的分類エラー」で与えられます。

＊

「一般量化子」を明に用いないで「X」「Y」の「包含関係」を次のように定義できます。

$$X \subseteq Y \text{ iff } c(X,Y) = 0$$

＊

「**大多数要件**」(majority requirement) は、「X」の 50% 以上の要素が「Y」の要素と共通になることを含意します。

「**特定大多数要件**」(specified majority requirement) は、さらなる条件を課します。

「X」の 50% 以上の要素が「Y」の要素と共通になり、ある限界、たとえば、85% より小さい要素が「Y」の要素と共通になります。

＊

「特定多数要件」に従えば、強敵分類エラー「β」は「$0 \leq \beta < 0.5$」の範囲内でなければいけません。

この条件に基づき「**大多数包含関係**」(majority inclusion relation) を、以下のように定義できます。

$$X \overset{\beta}{\subseteq} Y \text{ iff } c(X,Y) \leq \beta$$

この定義は、「β-大多数包含関係」の族全体をカバーします。

しかし、「大多数包含関係」は「推移性」を満足しません。

次の 2 つの「命題」は、「大多数包含関係」のいくつかの有用な性質を示すものです。

[命題 2.7]

「$A \cap B = \emptyset$」かつ「$B \overset{\beta}{\supseteq} X$」ならば、「$A \overset{\beta}{\supseteq} X$」は成り立たない。

[命題 2.8]

「$\beta_1 < \beta_2$」ならば、「$Y \overset{\beta_1}{\supseteq} X$」は「$Y \overset{\beta_2}{\supseteq} X$」を含意する。

「VPRS-モデル」では、「近似空間」は、「$A = (U, R)$」で定義されます。

ここで、「U」は空(くう)でない有限領域、「R」は「U」上の「同値関係」を表わします。

同値関係「R」は「識別不能関係」とも言い、領域「U」の「同値クラス」または「基本集合」の集まりへの分割「$R^* = \{E_1, E_2, ..., E_n\}$」に対応します。

「包含関係」の代わりに「大多数包含関係」を用いることで、集合「$U \supseteq X$」の「β-下近似」(または、「β-正領域 $\mathrm{POSR}_\beta(X)$」) を定義できます。

$$\underline{R}_\beta X = \bigcup\{E \in R^* \mid X \overset{\beta}{\supseteq} E\}$$
または
$$\underline{R}_\beta X = \bigcup\{E \in R^* \mid c(E, X) \leq \beta\}$$

集合「$U \supseteq X$」の「β-上近似」も」同様に定義できます。

$$\overline{R}_\beta X = \bigcup\{E \in R^* \mid c(E, X) < 1 - \beta\}$$

集合「$U \supseteq X$」の「β-境界領域」は、次のように定義できます。

$$\mathrm{BNR}_\beta X = \bigcup\{E \in R^* \mid \beta < c(E, X) < 1 - \beta\}.$$

集合「X」の「β-負領域」は、「β-上近似」の「補集合」として定義されます。

$$\mathrm{NEGR}_\beta X = \bigcup\{E \in R^* \mid c(E, X) \geq 1 - \beta\}.$$

集合「X」の「下近似」は、「X」に「β」より大きくない「分類エラー」で分類できる「U」のすべての要素の集まりと解釈できます。

集合「X」の「β-負領域」は、「X」に「補集合」に「β」より大きくない「分類エラー」で分類できる「U」のすべての要素の集まりと解釈できます。

この解釈は、次の「**命題 2.9**」から導かれます。

> [**命題 2.9**]
>
> すべての「$X \subseteq Y$」について、
> 「$\mathrm{POSR}_\beta(-X) = \mathrm{NEGR}_\beta X$」が成り立つ。

「X」の「β-境界領域」は、「X」に分類できないか、または、「$-X$」に「β 」より大きくない「分類エラー」で分類できない「U」のすべての要素から構成されます。

> ※なお、排中律「$p \vee \neg p$」(「$\neg p$」は「p」の「否定」)は、一般に不正確特定集合について成り立ちます。

最後に、「X」の β-上近似「$\overline{R}_\beta X$」は、「$-X$」に「β 」より大きくない「分類エラー」で分類できない「U」のすべての要素から構成されます。

もし、「$\beta = 0$」ならば、次の命題が示すように、パブラックの「ラフ集合モデル」は「VPRS-モデル」の特別な場合になります。

[命題 **2.10**]

「X」を領域「U」の任意の部分集合とすると、以下が成り立つ。

(1) $\underline{R}_0 X = \underline{R}X$

ここで、「$\underline{R}X$」は「$\underline{R}X = \bigcup\{E \in R^* \mid X \supseteq E\}$」で定義される「下近似」を表わす。

(2) $\overline{R}_0 X = \overline{R}X$

ここで、「$\overline{R}X$」は「$\overline{R}X = \bigcup\{E \in R^* \mid E \cap X \neq \emptyset\}$」で定義される「上近似」を表わす。

(3) $\mathrm{BNR}_0 X = \mathrm{BN}_R X$

ここで、「$\mathrm{BN}_R X$」は「$\mathrm{BN}_R X = \overline{R}X - \underline{R}X$」で定義される「$X$-境界領域」を表わす。

(4) $\mathrm{NEGR}_0 X = \mathrm{NEG}_R X$

ここで、「$\mathrm{NEG}_R X$」は「$\mathrm{NEG}_R X = U - \overline{R}X$」で定義される「$X$-負領域」を表わす。

さらに、次の「**命題 2.11**」も成り立ちます。

[**命題 2.11**]

「$0 \leq \beta < 0.5$」ならば、「**命題 2.10**」で列挙した性質と以下の性質が成り立つ。

$$\underline{R}_{\beta}X \supseteq \underline{R}X$$
$$\overline{R}X \supseteq \overline{R}_{\beta}X$$
$$\mathrm{BN}_{R}X \supseteq \mathrm{BNR}_{\beta}X$$
$$\mathrm{NEGR}_{\beta}X \supseteq \mathrm{NEG}_{R}X$$

直観的には、分類エラー「β」が減少すると、「X」の「正領域」「負領域」は縮小しますが、「境界領域」は拡大します。

逆のプロセスは、「β」を増加させることで行なわれます。

[**命題 2.12**]

「β」が極限値「0.5」に限りなく近づく、すなわち、「$\beta \to 0.5$」ならば、以下の性質が成り立つ。

$$\underline{R}_{\beta}X \to \underline{R}_{0.5}X = \bigcup\{E \in R^{*} \mid c(E,X) < 0.5\},$$
$$\overline{R}_{\beta}X \to \overline{R}_{0.5}X = \bigcup\{E \in R^{*} \mid c(E,X) \leq 0.5\},$$
$$\mathrm{BNR}_{\beta}X \to \mathrm{BNR}_{0.5}X = \bigcup\{E \in R^{*} \mid$$

$c(E, X) = 0.5\}$,

$\mathrm{NEGR}_{\beta}X \rightarrow \mathrm{NEGR}_{0.5}X = \bigcup\{E \in R^* \mid c(E, X) > 0.5\}$

＊

集合「$\mathrm{BNR}_{0.5}X$」は「X」の「**絶対境界**」(absolute boundary) と言い、「X」のすべての他の「境界領域」に含まれます。

[命題 2.13]

「X」の「境界領域」は以下を満足する。

$$\mathrm{BRN}_{0.5}X = \bigcap_{\beta}\mathrm{BNR}_{\beta}X$$

$$\overline{R}_{0.5}X = \bigcap_{\beta}\overline{R}_{\beta}X$$

$$\underline{R}_{0.5}X = \bigcup_{\beta}\underline{R}_{\beta}X$$

$$\mathrm{NEGR}_{0.5}X = \bigcup_{\beta}\mathrm{NEGR}_{\beta}X$$

「絶対境界」は、非常に‘狭い’ものです。

実際、それは、集合「X」の内包と外包の要素から構成される「集合」になります。

※なお、すべての他の「集合」は正領域「$\underline{R}_{0.5}X$」または負領域「$\mathrm{NEGR}_{0.5}X$」に分類されます。

次に、「近似」の「測度」に話を映します。

集合「X」が近似空間「$A = (U, R)$」の「集合」によって近似的に特徴できる度合を表現するには、Pawlak [160] によって導入された「**正確度**」(accuracy measure) を一般化します。

＊

「β-正確度」(ただし、「$0 \leq \beta < 0.5$」) は、以下のように定義されます。

$$\alpha(R, \beta, X) = \mathrm{card}(\underline{R}_\beta X)/\mathrm{card}(\overline{R}_\beta X)$$

「β-正確度」は、仮定される分類エラー「β」に対する集合「X」の近似化の「不正確度」を表わします。

「β」の増加で、「β-上近似」の「濃度」は小さくなり、「β-下近似」のサイズは大きくなる傾向になることに注意してください。

※なお、これは「相対正確度」は、大きい「分類エラー」を犠牲にし増加する、という直観にも合う結論に至ります。

「集合」の「境界」の「識別不能性」の概念は相対的です。

もし、大きい「分類エラー」が許されるなら、集合「X」は仮定される分類限界で高度に「識別不能」になります。

集合「X」は、その「β-境界領域」が空(くう)、すなわち、

$$\underline{R}_\beta X = \overline{R}_\beta X.$$

ならば、「**β-識別可能**」(β-discernable) と言います。

「β-識別可能」な「集合」について、相対正確度「$\alpha(R, \beta, X)$」は、単一値に等しくなります。

「集合」の識別可能な状態は「$beta$」の値に依存し変化します。

*

一般に、次の「**命題 2.14**」が成り立ちます。

[**命題 2.14**]

「X」が識別エラーのレベル「$0 \leq \beta < 0.5$」で「識別可能」ならば、「X」は任意のレベル「$\beta_1 > \beta$」でも「識別可能」になる。

[**命題 2.15**]

「$\overline{R}_{0.5}X \neq \underline{R}_{0.5}X$」ならば、「$X$」はすべての「分類エラー」のレベル「$0 \leq \beta < 0.5$」で「識別可能」ではない。

「**命題 2.16**」は、空（くう）でない「絶対境界」がある「集合」は「識別可能」にはなり得ないことを強調しています。

> [**命題 2.16**]
>
> 「X」が「分類エラー」のレベル「$0 \leq \beta < 0.5$」で「識別可能」でないならば、「X」は任意のレベル「$\beta_1 < \beta$」でも「識別可能」ではない。

すべての「β」について、「識別可能」でない任意の集合「X」は、「識別不能」または「絶対的ラフ」と言います。

集合「X」が「絶対的ラフ」であることと、「$\mathrm{BNR}_{0.5}X \neq \emptyset$」は、「同値」になります。

「絶対的ラフ」でない任意の「集合」は、「相対的ラフ」または「弱識別可能」と言います。

任意の相対的ラフ集合「X」について、「X」が「識別可能」な分類エラーレベル「β」が存在します。

「$\mathrm{NDIS}(R, X) = \{0 \leq \beta < 0.5 \mid \mathrm{BNR}_\beta(X) \neq \emptyset\}$」とすると、「$\mathrm{NDIS}(R, X)$」は「$X$」が「識別不能」なすべての「$\beta$」の「値域」になります。

「X」を「識別可能」にする「分類エラー」の最小値「β」は「**識別可能性しきい値**」(discernibility threshold) と言います。

この「しきい値」は、「NDIS(X)」の最小上界「$\zeta(R,X)$」と等しくなります。

すなわち、

$$\zeta(R,X) = \sup \mathrm{NDIS}(R,X)$$

が成り立ちます。

「**命題 2.17**」は、弱識別可能集合「X」のしきい値を見つけるのに用いられる単純な性質を表わしています。

[**命題 2.17**]

「$\zeta(R,X) = \max(m_1, m_2)$」ただし、「$m_1 = 1 - \min\{c(E,X) \mid E \in R^* \text{ and } 0.5 < c(E,X)\}$」「$m_2 = \max\{c(E,X) \mid E \in R^* \text{ and } c(E,X) < 0.5\}$」になる。

集合「X」の「識別可能性しきい値」は、この「集合」を「β-識別可能」にする最小分類エラー「β」に等しくなります。

[命題 **2.18**]

すべての「$0 \leq \beta < 0.5$」について、以下の性質が成り立つ。

(1a) $X \overset{\beta}{\supseteq} \underline{R}_\beta X$

(1b) $\overline{R}_\beta X \supseteq \underline{R}_\beta X$

(2) $\underline{R}_\beta \emptyset = \overline{R}_\beta \emptyset = \emptyset; \underline{R}_\beta U = \overline{R}_\beta U = U$

(3) $\overline{R}_\beta (X \cup Y) \supseteq \overline{R}_\beta X \cup \overline{R}_\beta Y$

(4) $\underline{R}_\beta X \cap \underline{R}_\beta Y \supseteq \underline{R}_\beta (X \cap Y)$

(5) $\underline{R}_\beta (X \cup Y) \supseteq \underline{R}_\beta \cup \underline{R}_\beta Y$

(6) $\overline{R}_\beta X \cap \overline{R}_\beta Y \supseteq \overline{R}_\beta (X \cap Y)$

(7) $\underline{R}_\beta (-X) = -\overline{R}_\beta (X)$

(8) $\overline{R}_\beta (-X) = -\underline{R}_\beta (X)$

以上で「可変精度ラフ集合モデル」の解説を終了しますが、詳細については Ziarko [196] を参照してください。

*

シェンとワン [177] は、包含度合を用いて 2 つの「空間」を扱う、「VPRS モデル」を提案しています。

彼らは、「逆下近似」「逆上近似」の概念を導入し、それらの性質を研究しています。

2.3 関連理論

パブラックの「ラフ集合理論」をさまざまな形で拡張した多くの関連理論が提案されています。

もっとも興味深いものは、「ラフ集合理論」と「ファジー集合理論」を融合したものです。

そのような理論を紹介する前に、**「ファジー集合理論」**(fuzzy set theory) の概要を簡潔に説明します。

＊

「ファジー集合」(fuzzy set) は、古典的集合理論では扱えないあいまい性の概念をモデル化する理論で、1965 年にザデー (Zadeh) によって提案されました (Zadeh [194] 参照)。

なお、ザデーは「ファジー集合」に基づいた**「可能性理論」**(theory of possibility) も提案しています (Zadeh [195] 参照)。

その後、「ファジー集合理論」はさまざまな分野に応用されています。

＊

「ファジー集合理論」には、さまざまな形の形式化が可能ですが、以下ではその 1 つを紹介します。

「$\mathcal{U}$」を「集合」とすると、「ファジー集合」は以下のように定義されます。

[定義 2.1] (ファジー集合)

集合「$\mathcal{U}$」の「**ファジー集合**」は関数「$u : \mathcal{U} \to [0,1]$」で定義される。

※なお、「$\mathcal{F}_\mathcal{U}$」は「$\mathcal{U}$」の すべての「ファジー集合」の「集合」を表わす。

「ファジー集合」へのいくつかの「操作」を定義できます。

[定義 2.2]

すべての「$u, v \in \mathcal{F}_\mathcal{U}$」「$x \in \mathcal{U}$」について、以下のように「操作」を定義する。

- $(u \vee v)(x) = \sup\{u(x), v(x)\}$
- $(u \wedge v)(x) = \inf\{u(x), v(x)\}$
- $\overline{u}(x) = 1 - u(x)$

[定義 2.3]

2 つのファジー集合「$u, v \in \mathcal{F}_\mathcal{U}$」は、すべての「$x \in \mathcal{U}$」について「$u(x) = v(x)$」ならば「**等しい**」(equal) と言う。

[定義 **2.4**]

「$\mathbf{1}_{\mathcal{U}}$」「$\mathbf{0}_{\mathcal{U}}$」は「$\mathcal{U}$」の「ファジー集合」で、それぞれ、すべての「$x \in \mathcal{U}$」について「$\mathbf{1}_{\mathcal{U}} = 1$」「$\mathbf{0}_{\mathcal{U}} = 0$」を満足する。

「$\langle \mathcal{F}_{\mathcal{U}}, \wedge, \vee \rangle$」が「無限分配性」を満足する「完備束」になることは容易に証明できます。

さらに、「$\langle \mathcal{F}_{\mathcal{U}}, \wedge, \vee, ^- \rangle$」は、一般には、「ブール代数」でない「代数」を構成します。

※なお、詳細は Negoita and Ralescu [147] を参照してください。

*

「ラフ集合理論」と「ファジー集合論」は関連する概念の形式化を目指しているので、これらを統合するのは自然な流れです。

1990 年、デュボア (Dubois) とプラド (Prade) は、「**ファジーラフ集合**」(fuzzy rough set) を「ラフ集合」のファジー一般化として導入しています。

*

彼らは、2 つのタイプの一般化を検討しました。

1 つは、「ファジー集合」の「上近似」「下近似」、すなわち、「**ラフファジー集合**」(rough fuzzy set) です。

もう 1 つは、「**ファジーラフ集合**」で、「同値関係」を「ファジー類似関係」に変換するものです。

*

中村 (Nakamura) とガオ (Gao) (Nakamura and Gao [146]) も「ファジーラフ集合」を研究しており、これに基づき「ファジーデータ解析」の「論理」を提案しています。

彼らの「論理」は、「ファジー関係」をベースにした「様相論理」と解釈できます。

そして、「実体」の「ファジー類似関係」は「ラフ集合」に関連付けされます。

*

クワファフォウ (Quafafou) は、2000 年に、「**α-ラフ集合理論**」(α-rough set theory, α-RST) を提案しました。

「α-RST では、「ラフ集合理論」のすべての基本概念が一般化されます。

彼は、ファジー概念の「近似」とそれらの性質を記述しています。

さらに、「α-RST」では、「α-依存性」の概念が導入されます。

この概念は、与えられた度合「$[0,1]$」で、他の属性に依存する「属性」の「集合」で、「部分依存性」と解釈できます。

「α-RST」は、空間分割と概念の近似の制御できるという特徴をもちます。

＊

コーネリス (Cornelis) らは、2003 年に、「**直観主義ファジーラフ集合**」(intuitionistic fuzzy rough set) を「知識」の不完全性を記述するために提案しています。

なお、「直観主義ファジーラフ集合」はアタナソフ (Atanassov) の「**直観主義ファジー集合**」(intuitionistic fuzzy set) の拡張と考えられます。

彼らのアプローチは、「ファジーラフ集合」は、「直観主義」であるべきという考え方に基づいています。

ここで、「直観主義」は「排中律」が成り立たないことを意味するもので、「直観主義論理」を必ずしも意味しません。

＊

以上の研究は、「ファジー概念」をさまざまな形で導入することで、「ラフ集合」の表現力を向上させています。

これらは元の「ラフ集合」よりも有用で、より複雑な問題に応用できます。

2.4 形式概念解析

異なる分野として、「**形式概念解析**」(formal concept analysis: FCA) が研究されてきました (Ganter and Wille [69] 参照)。

「FCA」は、「**概念束**」(concept lattice) に基づき、「概念」の「関係」を厳密にモデル化します。

明らかに、「ラフ集合理論」と「形式概念解析」は類似の考え方を共有しています。

*

ここで、「形式概念解析」の概要を詳しく解説します。

「FCA」は「**ポート=ロヤル論理**」(Port-Royal logic) の「概念」の数学的形式化として「概念」を用います。

「ポート=ロヤル論理」によれば、「概念」は「**エクステント**」(extent) という「実体」の集まりによって決定されます。

「エクステント」は「概念」に相当し、「**インテント**」(intent) という「属性」の集まりは、「概念」にカバーされます。

「概念」は「サブ概念=スーパー概念関係」という「実体」と「属性」の「包含関係」で順序付けされます。

これらの「FCA」で用いられる「概念」を形式的に定義します。

*

「**形式コンテキスト**」(formal context) は、三重組「$\langle X, Y, I\rangle$」で表わされます。

ここで、「X」「Y」は空(くう)でない「集合」、「I」は「二項関係」、すなわち、$I \subseteq X \times Y$」になります。

「X」の要素「x」は「**オブジェクト**」(object) と言い、「Y」の要素「y」は「**属性**」(attribute) と言います。

「$\langle x, y\rangle \in I$」は、「$x$」は属性「$y$」をもつことを示しています。

「n 行 m 列」の「クロステーブル」について、対応する形式コンテキスト「$\langle X, Y, I\rangle$」は、集合「$X = \{x_1, ..., x_n\}$」、集合「$Y = \{y_1, ..., y_m\}$」および関係「l」から構成されます。

*

なお、関係「l」は、次のように定義されます。

> $\langle x_i, y_j\rangle \in l \;\Leftrightarrow\; i$ 行 j 列の「テーブル・エントリー」は「×」を含みます。

「概念形成オペレータ」は、すべての「形式コンテキスト」について定義されます。

形式コンテキスト「$\langle X,Y,I\rangle$」について、オペレータ「$\uparrow: 2^X \to 2^Y$」「$\downarrow: 2^Y \to 2^X$」は、すべての「$A \subseteq X$」「$B \subseteq Y$」について、以下のように定義されます。

$$A^{\uparrow} = \{y \in Y \mid \text{各 } x \in A \text{ について、} \langle x,y\rangle \in I\}$$
$$B^{\downarrow} = \{x \in X \mid \text{各 } y \in B \text{ について、} \langle x,y\rangle \in I\}$$

「形式概念」(formal concept) は、属性共有で定義される「クロステーブル」の特定のクラスターです。

「$\langle X,Y,I\rangle$」における「形式概念」は、「$A \subseteq X$」「$B \subseteq Y$」の対「$\langle A,B\rangle$」で「$A^{\uparrow} = B$」「$B^{\downarrow} = A$」を満足します。

「$\langle A,B\rangle$」が「形式概念」であることと、「A」が「B」からのすべての「属性」 と共有する「オブジェクト」を含み、「B」が「A」からのすべての「オブジェクト」に共有される「属性」を含むことは同値になります。

したがって、数学的には、“「$\langle A,B\rangle$」が「形式概念」であること” と、“「$\langle A,B\rangle$」が概念形成オペレータの対「$\langle {\uparrow},{\downarrow}\rangle$」の「不動点」になること”は、「同値」になります。

次の表を考えます。

I	y_1	y_2	y_3	y_4
x_1	×	×	×	×
x_2	×		×	×
x_3		×	×	×
x_4		×	×	×
x_5	×			

ここで、「形式概念」は、

$$\langle A_1, B_1 \rangle = \langle \{x_1, x_2, x_3, x_4\}, \{y_3, y_4\} \rangle$$

になります。

なぜなら、

$$\{x_1, x_2, x_3, x_4\}^{\uparrow} = \{y_3, y_4\}$$
$$\{y_3, y_4\}^{\downarrow} = \{x_1, x_2, x_3, x_4\}$$

になるからです。

ここで、以下の「関係」が成り立ちます。

$$\{x_2\}^{\uparrow} = \{y_1, y_3, y_4\}, \{x_2, x_3\}^{\uparrow} = \{y_3, y_4\}$$
$$\{x_1, x_4, x_5\}^{\uparrow} = \emptyset$$
$$X^{\uparrow} = \emptyset, \emptyset^{\uparrow} = Y$$

$$\{y_1\}^{\downarrow} = \{x_1, x_2, x_5\}, \{y_1, y_2\}^{\downarrow} = \{x_1\}$$
$$\{y_2, y_3\}^{\downarrow} = \{x_1, x_3, x_4\}, \{y_2, y_3, y_4\}^{\downarrow} = \{x_1, x_3, x_4\}$$
$$\emptyset^{\downarrow} = X, Y^{\downarrow} = \{x_1\}$$

「概念」は、「サブ概念スーパー概念関係」によって自然に順序付けされます。

サブ概念スーパー概念関係「$\leq$」は、「オブジェクト」と「属性」上の「包含関係」に基づきます。

「$\langle A, Y, I\rangle, \langle A_1$」の形式概念「$\langle A_1, B_1\rangle$」「$\langle A_2, B_2\rangle$」について、「$\langle A_1, B_1\rangle \leq \langle A_2, B_2\rangle$」「$A_1 \subseteq A_2$」「$B_2 \subseteq B_1$」は同値になります。

＊

上記の例では、以下の関係が成り立ちます。

$$\langle A_1, B_1\rangle = \{\{x_1, x_2, x_3, x_4\}, \{y_3, y_4\}\}$$
$$\langle A_2, B_2\rangle = \{\{x_1, x_3, x_4\}, \{y_2, y_3, y_4\}\}$$
$$\langle A_3, B_3\rangle = \{\{x_1, x_2\}, \{y_1, y_3, y_4\}\}$$
$$\langle A_4, B_4\rangle = \langle\{x_1, x_2, x_5\}, \{y_1\}\rangle$$
$$\langle A_3, B_3\rangle \leq \langle A_1, B_1\rangle$$
$$\langle A_3, B_3\rangle \leq \langle A_2, B_2\rangle$$
$$\langle A_3, B_3\rangle \leq \langle A_4, B_4\rangle$$
$$\langle A_2, B_2\rangle \leq \langle A_1, B_1\rangle$$
$$\langle A_1, B_1\rangle \parallel \langle A_4, B_4\rangle$$
$$\langle A_2, B_2\rangle \parallel \langle A_4, B_4\rangle$$

「$\mathcal{B}(X,Y,I)$」をすべての形式概念「$\langle X,Y,I\rangle$」の集まり、

$$\mathcal{B}(X,Y,I)=\{\langle A,B\rangle \in 2^X \times 2^X \mid A^{\uparrow}=B, B^{\downarrow}=A\}$$

とします。

サブ概念（=スーパー概念順序）「$\leq$」を付随する「$\mathcal{B}(X,Y,I)$」は、「$\langle X,Y,I\rangle$. $\mathcal{B}(X,Y,I)$」の「**概念束**(そく)」(concept lattice) と言い、データ「$\langle X,Y,I\rangle$」に隠れているすべての「クラスター」を表わしています。

なお、「$\langle \mathcal{B}(X,Y,I),\leq\rangle$」は「束」になります。

＊

「概念」の「エクステント」「インテント」は、以下のように定義されます。

$\mathrm{Ext}(X,Y,I)=\{A\in 2^X \mid$ ある「B」について
「$\langle A,B\rangle \in \mathcal{B}(X,Y,I)\}$（「概念」の「エクステント」）
$\mathrm{Int}(X,Y,I)=\{A\in 2^Y \mid$ ある「A」について
「$\langle A,B\rangle \in \mathcal{B}(X,Y,I)\}$（「概念」の「インテント」）

「形式概念」は、「クロステーブル」の極大長方形としても定義できます。

「$\langle X,Y,I\rangle$」の長方形は「$A\times B\subseteq I$」を満足する対「$\langle A,B\rangle$」になります。

「$\langle A, B\rangle$」が「$\langle X, Y, I\rangle$」の「形式概念」であることと、「$\langle A, B\rangle$」が「$\langle X, Y, I\rangle$」の極大長方形であることがが「同値」であることが証明できます。

＊

次の「テーブル」を考えます。

I	y_1	y_2	y_3	y_4
x_1	×	×	×	×
x_2	×		×	×
x_3		×	×	×
x_4		×	×	×
x_5	×			

この「テーブル」では、「$\langle\{x_1, x_2, x_3\}, \{y_3, y_4\}\rangle$」は「$\sqsubseteq$」について“極大でない長方形”になります。

また、「$\langle\{x_1, x_2, x_3, x_4\}, \{y_3, y_4\}\rangle$」は、「$\sqsubseteq$」について“極大な長方形”になります。

長方形の概念は、「形式概念解析」の幾何学的推論の基礎になります。

「形式概念解析」のための 2 つの基本的な数学的構造があります。

すなわち、「ガロア関連」(Ore [150] 参照) と「閉鎖オペレータ」です。

集合「X」「Y」の「**ガロア関連**」(Galois connection) は、「$f: 2^X \to 2^Y$」「$g: 2^Y \to 2^X$」の対「$\langle f, g\rangle$」で、「$A, A_1, A_2, B, B_1, B_2 \subseteq Y$」について次の条件を満足します。

$$
\begin{aligned}
&A_1 \subseteq A_2 \;\Rightarrow\; f(A_2) \subseteq f(A_1)\\
&B_1 \subseteq B_2 \;\Rightarrow\; g(B_2) \subseteq f(B_1)\\
&A \subseteq g(f(A))\\
&B \subseteq f(g(B)).
\end{aligned}
$$

集合「X」「Y」のガロア関連「$\langle f, g\rangle$」について、集合、

$$\mathrm{fix}(\langle f, g\rangle) = \{\langle A, B\rangle \in 2^X \times 2^X \mid f(A) = B, g(B) = A\}$$

は「$\langle f, g\rangle$」の「**不動点**」(fixpoint) と言います。

*

では、「概念形成オペレータ」の基本的な性質を示します。

すなわち、形式概念「$\langle X, Y, I\rangle$」について、「$\langle X, Y, I\rangle$」によって得られる「オペレータ」の対(つい)「$\langle \uparrow_I, \downarrow_I \rangle$」は、「$X$」「$Y$」の「ガロア関連」になります。

*

この性質の帰結として、「X」「Y」のガロア関連「$\langle f, g\rangle$」について、任意の「$A \subseteq X$」「$B \subseteq Y$」で「$f(A) = f(g(f(A)))$」「$g(B) = g(f(g(B)))$」が成り立つ、ことが示されます。

「**閉鎖オペレータ**」(closure operator) は、「概念形成オペレータ」

からそれらの「合成」によって得られます。

「$\langle f, g \rangle$」が「X」「Y」の「ガロア関連」ならば、「$C_X = f \circ g$」は「X」上の「閉鎖オペレータ」になり、「$C_Y = g \circ f$」は「Y」上の「閉鎖オペレータ」になります。

*

「エクステント」「インテント」は、次のように、「概念形成オペレータ」における「値域」になります。

$$
\begin{aligned}
&\mathrm{Ext}(X, Y, I) = \{B^{\downarrow} \mid B \subseteq Y\} \\
&\mathrm{Int}(X, Y, I) = \{A^{\uparrow} \mid A \subseteq X\}.
\end{aligned}
$$

任意の形式概念「$\langle X, Y, I \rangle$」について、以下が成り立ちます。

$$
\begin{aligned}
&\mathrm{Ext}(X, Y, I) = \mathrm{fix}(^{\uparrow\downarrow}) \\
&\mathrm{Int}(X, Y, I) = \mathrm{fix}(^{\downarrow\uparrow}) \\
&\mathcal{B}(X, Y, I) = \{\langle A, A^{\uparrow} \rangle \mid A \in \mathrm{Ext}(X, Y, I)\} \\
&\mathcal{B}(X, Y, I) = \{\langle B^{\downarrow}, B \rangle \mid B \in \mathrm{Int}(X, Y, I)\}
\end{aligned}
$$

*

上記の「ガロア関連」の定義は、以下のように簡略化できます。「$\langle f, g \rangle$」が「X」「Y」の「ガロア関連」であることと、すべての「$A \subseteq X$」「$B \subseteq Y$」について、

$$
A \subseteq g(B) \;\Leftrightarrow\; B \subseteq f(A).
$$

であることは「同値」になります。

「結合」「交わり」に関して「ガロア関連」は、次の性質を満足します。

「$\langle f, g\rangle$」を「X」「Y」の「ガロア関連」とします。

「$A_j \subseteq X, j \in J$」「$B_j \subseteq Y, j \in J$」について、以下が成り立ちます。

$$f(\bigcup_{j\in J} A_j) = \bigcap_{j\in J} f(A_j)$$
$$g(\bigcup_{j\in J} B_j) = \bigcap_{j\in J} g(B_j)$$

「概念形成オペレータ」のすべての対は、「ガロア関連」を形成します。

また、すべての「ガロア関連」は、特定の「形式コンテキスト」の「概念形成オペレータ」になります。

*

「$\langle f, g\rangle$」を「X」「Y」の「ガロア関連」とします。

任意の「$x \in X$」「$y \in Y$」について「I」が、

$$\langle x, y\rangle \in I \;\Leftrightarrow\; y \in f(\{x\}) \text{ (または) } \Leftrightarrow\; x \in g(\{y\})$$

で定義される形式コンテキスト「$\langle X, Y, I\rangle$」を考えます。

そうすると、「$\langle X, Y, I\rangle$」による「$\langle \uparrow_I, \downarrow_I \rangle = \langle f, g\rangle$」すなわち「$\langle \uparrow_I, \downarrow_I$ は「$\langle f, g\rangle$」と一致します。

次の形の表現結果を得ます。

すなわち、「$I \mapsto \langle \uparrow_I, \downarrow_I \rangle$」「$\langle \uparrow_I, \downarrow_I \rangle \mapsto I_{\langle \uparrow, \downarrow \rangle}$」は、「$X$」「$Y$」のすべての「二項関係」と「ガロア関連」の「集合」について、互いに逆の「写像」になります。

さらに、「エクステント」と「インテント」の「双対(そうつい)関係」も得られます。

すなわち、「$\langle A_1, B_1\rangle, \langle A_2, B_2\rangle \in \mathcal{B}(X, Y, I)$」について、「$A_1 \subseteq A_2$」と「$B_2 \subseteq B_1$」は「同値」になります。

したがって、次の性質を得ます。

(1) 「$\langle \mathrm{Ext}(X, Y, I), \subseteq\rangle$」「$\langle \mathrm{Int}(X, Y, I), \subseteq\rangle$」は「半順序集合」になります。

(2) 「$\langle \mathrm{Ext}(X, Y, I), \subseteq\rangle$」「$\langle \mathrm{Int}(X, Y, I), \subseteq\rangle$」は双対的に「同型」、すなわち、「$A_1 \subseteq A_2$」と「$f(A_2) \subseteq f(A_1)$」が同値である写像「$f : \mathrm{Ext}(XY, I) \to \mathrm{Int}(X, Y, I)$」が存在します。

(3) 「$\langle \mathcal{B}(X, Y, I), \leq \rangle$」は「$\langle \mathrm{Ext}(X, Y, I), \subseteq \rangle$」に「同型」になります。

(4) 「$\langle \mathcal{B}(X, Y, I), \leq \rangle$」は「$\langle \mathrm{Int}(X, Y, I), \subseteq \rangle$」に双対的に同型になります。

*

「閉鎖オペレータ」の「不動点」の性質は、次のようになります。

「X」上の閉鎖オペレータ「C」について、その「不動点」の半順序集合「$\langle \mathrm{fix}(C), \subseteq \rangle$」は、「完備束」になり、

$$\bigwedge_{j \in J} A_j = C(\bigcap_{j \in J} A_j)$$

$$\bigvee_{j \in J} A_j = C(\bigcup_{j \in J} A_j)$$

を満足します。

*

以下は、ウィル (Wille) による「概念束」の主要結果です。

(1) 「$\mathcal{B}(X, Y, I)$」は「完備束」で、以下を満足します。

$$\bigwedge_{j \in J} \langle A_j, B_j \rangle = \langle \bigcap_{j \in J} A_j, (\bigcup_{j \in J} B_j)^{\downarrow\uparrow} \rangle,$$

$$\bigvee_{j \in J} \langle A_j, B_j \rangle = \langle (\bigcup_{j \in J} A_j)^{\uparrow\downarrow}, \bigcap_{j \in J} B_j \rangle.$$

(2) さらに、任意の完備束「$\mathbf{V} = (V, \leq)$」が「$\mathcal{B}(X, Y, I)$」に「同型」なことと、以下の条件を満足する写像「$\gamma : X \to V, \mu : Y \to X$」が存在することは同値になります。

(i) 「$\gamma(X)$」は「V」で「$\bigvee$-稠密」
「$\mu(Y)$」は「V」で「$\bigwedge$-稠密」

(ii) $\gamma(x) \leq \mu(y) \;\Leftrightarrow\; \langle x, y \rangle \in I$

「形式概念解析」では、「形式概念」を「形式コンテキスト」のいくつかの「実体」または「属性」を除去することによって、明確化し還元化できます。

形式コンテキスト「$\langle X, Y, I \rangle$」は、対応する「テーブル」が同一の行と列を含まなければ、「**明確化**」(clarified) されると言います。

*

すなわち、もし「$\langle X, Y, I \rangle$」が明確化されるならば、以下が成り立ちます。

すべての「$x_1, x_2 \in X$」について「$\{x_1\}^{\uparrow} = \{x_2\}^{\uparrow}$」は「$x_1 = x_2$」を含意します。

すべての「$x_1, x_2 \in X$」について「$\{y_1\}^{\downarrow} = \{y_2\}^{\downarrow}$」は「$y_1 = y_2$」を含意します。

「明確化」は、同一の「行」「列」を除去することによって行なわれます。

「$\langle X_1, Y_1, I_1 \rangle$」が「$\langle X_2, Y_2, I_2 \rangle$」から「明確化」によって得られる「明確化コンテキスト」ならば、「$\mathcal{B}(X_1, Y_1, I_1)$」は「$\mathcal{B}(X_2, Y_2, I_2)$」に「同型」になります。

*

形式コンテキスト「$\langle X, Y, I \rangle$」について、属性「$y \in Y$」は、次の条件、

$$\{y\}^{\downarrow} = \bigcap_{z \in Y'} \{z\}^{\downarrow}$$

を満足する「$y \notin Y'$」である「$Y' \subset Y$」が存在するならば、「**還元可能**」(reducible) と言います。

すなわち、「y」に対応する「列」は、「Y'」の「z」に対応する「行」の「交わり」になります。

実体「$x \in X$」は、次の条件、

$$\{x\}^{\uparrow} = \bigcap_{z \in X'} \{z\}^{\uparrow}$$

を満足する「$x \notin X'$」である「$X' \subset X$」が存在するならば、「**還元可能**」(reducible) と言います。

すなわち、「x」に対応する「行」は、「X'」の「z」に対応する「列」の「交わり」になります。

＊

「$y \in Y$」を「$\langle X, Y, I \rangle$」で「還元可能」とします。

そうすると、「$\mathcal{B}(X, Y - \{y\}, J)$」は「$\mathcal{B}(X, Y, I)$」に「同型」になります。

ここで、「$J = I \cap (X \times (Y - \{y\}))$」は、「$I$」の「$X \times Y - \{y\}$」への制限、すなわち、「$\langle X, Y - \{y\}, J \rangle$」は「$\langle X, Y, I \rangle$ 」から「y」の除去で得られます。

「$\langle X, Y, I \rangle$」は、実体「$x \in X$ 」が「還元可能」でなければ、「**行還元可能**」(row reducible) と言い、実体「$y \in Y$」が「還元可能」でなければ、「**列還元可能**」(column reducible) と言い、「行還元可能」かつ「列還元可能」ならば、「**還元される**」(reduced) と言います。

＊

「**アロー関係**」(arrow relation) は、どの「実体」と「属性」が「還元可能」かを見つけるものです。

「$\langle X, Y, I \rangle$」について、以下の条件を満足する「X」「Y」の関係「$\nearrow, \swarrow, \updownarrow$」を定義します。

「$x \swarrow y$」⇔「$\langle x,y\rangle \notin I$」かつ「$\{x\}^{\uparrow} \subset \{x_1\}^{\uparrow}$」ならば「$\langle x_1,y\rangle \in I$」

「$x \nearrow y$」⇔「$\langle x,y\rangle \notin I$」かつ「$\{x\}^{\downarrow} \subset \{x_1\}^{\downarrow}$」ならば「$\langle x_1,y\rangle \in I$」

「$x \updownarrow y$」⇔「$x \swarrow y$」かつ「$x \nearrow y$」

よって、「$\langle x,y\rangle \in I$」ならば上記3つの「関係」は成り立ちません。

その結果、「アロー関係」は「$\langle X,Y,I\rangle$」の「テーブル」に取り込めます。

*

以下の「アロー関係」と「還元可能性」の関連があります。

「$\langle \{x\}^{\uparrow\downarrow}, \{x\}^{\uparrow}\rangle$」は「$\bigvee$-還元不能」⇔「$x \swarrow y$」である「$y \in Y$」が存在します。

「$\langle \{y\}^{\downarrow}, \{y\}^{\downarrow\uparrow}\rangle$」は「$\bigvee$-還元不能」⇔「$x \nearrow y$」である「$x \in X$」が存在します。

「形式概念解析」は、「データ」の「依存性」についての「属性含意」(attribute implication) も扱えます。

「Y」を空(くう)でない「属性」の「集合」とします。

*

「Y」の「属性含意」は、次の形の「表現」、

$$A \Rightarrow B$$

であり、「$A, B \subseteq Y$」です。

“「Y」の属性含意「$A \Rightarrow B$」が集合「$M \subset Y$」で「真」であること”と、“「$A \subseteq M$」が「$B \subseteq M$」を含意すること”は同値になります。

「$A \Rightarrow B$」が「M」で「真」(偽) ならば、「$\| A \Rightarrow B \|_M = 1$ (0)」と書くことにします。

「M」をある実体「x」の「属性」の「集合」とします。

そうすると、「$\| A \Rightarrow B \|_M = 1$」は、“「$x$」が「$A$」のすべての「属性」をもつならば、「$x$」は「$B$」のすべての「属性」をもつ”ことを意味します。

なぜなら、「x」が「C」のすべての「属性」をもつことと、「$C \subseteq M$」は“同値”になるからです。

「$A \Rightarrow B$」の「妥当性」は、「M」の集まり「$\mathcal{M}$」の「妥当性」に拡張できます。

すなわち、「$\mathcal{M} \subseteq 2^Y$」における「$A \Rightarrow B$」の「妥当性」を定義できます。

「Y」における属性含意「$A \Rightarrow B$」が「$\mathcal{M}$」で真 (妥当) になるのは、「$A \Rightarrow B$」がすべての「$M \in \mathcal{M}$」で「真」になるときです。

「Y」における属性含意「$A \Rightarrow B$」がテーブル (形式コンテキスト)「$\langle X, Y, I \rangle$」で真 (妥当) になるのは、「$A \Rightarrow B$」が「$\mathcal{M} = \{\{x\}^{\uparrow} \mid x \in X\}$」で「真」になるときです。

「意味論的帰結」(含意) を定義します。

属性含意「$A \Rightarrow B$」が理論「T」から意味論的に導かれるのは ($T \models A \Rightarrow B$)、「$A \Rightarrow B$」が「$T$」のすべてのモデル「$M$」で「真」になるときです。

*

「属性含意」についての「推論」のための「システム」は、以下の「演繹規則」から構成されます。

(Ax)「$A \cup B \Rightarrow A$」を推論する。

(Cut)「$A \Rightarrow B$」「$B \cup C \Rightarrow D$」から「$A \cup C \Rightarrow D$」を推論する。

※なお、上記の「演繹規則」は、アームストロング (Armstrong) の「関数従属性」に基づいています (Armstrong [25] 参照)。

*

集合「T」からの属性含意「$A \Rightarrow B$」の「証明」(proof) は、「属性含意」の系列「$A_1 \Rightarrow B_1, ..., A_n \Rightarrow B_n$」で、以下の条件を満足します。

> **(1)** 「$A_n \Rightarrow B_n$」は「$A \Rightarrow B$」
>
> **(2)** すべての「$i = 1, 2, ..., n$」について、
>
> **(i)** 「$A_i \Rightarrow B_i \in T$」(仮定)、
>
> **(ii)** または、先行する属性含意「$A_j \Rightarrow B_j$」から(Cut) を用い得られる「$A_i \Rightarrow B_i$」(演繹)、
>
> のいずれかになります。

「T」から「$A \Rightarrow B$」の「証明」が存在すれば、「$T \vdash A \Rightarrow B$」と書くことにします。

すべての「$A, B, C, D \subseteq Y$」について、以下の「導出規則」が成り立ちます。

> (Ref)「$A \Rightarrow A$」を推論する。
>
> (Wea)「$A \Rightarrow B$」から「$A \cup C \Rightarrow B$」を推論する。
>
> (Add)「$A \Rightarrow B$」「$A \Rightarrow C$」から「$A \Rightarrow B \cup C$」を推論する。

(Pro) 「$A \Rightarrow B \cup C$」から「$A \Rightarrow B$」を推論する。

(Tra) 「$A \Rightarrow B$」「$B \Rightarrow C$」から「$A \Rightarrow C$」を推論する。

「(Ax)」「(Cut)」が「健全」であることが示せます。

また、上記の「導出規則」の「健全性」も証明できます。

＊

2種類の「**帰結**」(consequence) の概念、すなわち、「**意味論的帰結**」(semantic consequence) と「**統語論的帰結**」(syntactic consequence) を定義できます。

(意味論的帰結) 「$T \models A \Rightarrow B$」(「$A \Rightarrow B$」は「$T$」から意味論的に導かれる)

(統語論的帰結) 「$T \vdash A \Rightarrow B$」(「「$A \Rightarrow B$」は「T」から統語論的に導かれる)

「T」の「**意味論的閉鎖**」(semantic closure) は、「T」から意味論的に導かれるすべての「属性含意」の「集合」、

$$sem(T) = \{A \Rightarrow B \mid T \models A \Rightarrow B\}$$

になります。

「T」の「**統語論的閉鎖**」(syntactcc closure) は、「T」から統語論 意味論的に導かれるすべての「属性含意」の「集合」、

$$syn(T) = \{A \Rightarrow B \mid T \vdash A \Rightarrow B\}$$

になります。

「$T = sem(T)$」ならば、「T」は「**意味論的に閉じている**」(semantically closed) と言い、「$T = syn(T)$」ならば、「T」は「**統語論的に閉じている**」(syntactically closed) と言います。

※なお、「$sem(T)$」は「T」を含む意味論的に閉じている「属性含意」の「最小集合」になり、「$syn(T)$」は「T」を含む統語論的に閉じている「属性含意」の「最小集合」になります。

「T」が統語論的に閉じていることと、任意の「$A, B, C, D \subseteq Y$」について、

(1)　「$A \cup B \Rightarrow B \in T$」

(2)　「$A \Rightarrow B \in T$」「$B \cup C \Rightarrow D \in T$」ならば
「$A \cup C \Rightarrow D \in T$」

であることは「同値」であることが証明できます。

よって、「T」が意味論的に閉じていれば「T」は統語論的に閉じています。

さらに、「T」が統語論的に閉じていれば「T」は意味論的に閉じている、ことも証明できます。

これらより、次のような「健全性」と「完全性」が導かれます。

$$T \vdash A \Rightarrow B \text{ iff } T \models A \Rightarrow B.$$

*

次に、「属性含意」の「モデル」を考えます。

「属性含意」の集合「T」について、

$Mod(T) = \{M \subseteq Y \mid$ すべての「$A \Rightarrow B \in T$」
について「$\| A \Rightarrow B \|_M = 1$」$\}$

とします。

すなわち、「$Mod(T)$」は「T」のすべての「モデル」の「集合」になります。

集合「T」の「**閉鎖システム**」は、「Y」を含み任意の「交わり」に閉じている「Y」の「部分集合」の任意のシステム「$\mathcal{S}$」になります。

すなわち、「$Y \in \mathcal{S}$」かつ、すべての「$\mathcal{R} \subseteq \mathcal{S}$」(「$\mathcal{S}$」のすべてのサブシステム「$\mathcal{R}$」の「交わり」)は、「$\mathcal{S}$」に属します。

*

「Y」の「閉鎖システム」と「閉鎖オペレータ」には、「1 対 1」の「関係」があります。

すなわち、「Y」の閉鎖オペレータ「C」について「$\mathcal{S}_C = \{A \in 2^X \mid A = C(A)\} = \mathrm{fix}(C)$」は「$Y$」の「閉鎖システム」になります。

「Y」の「閉鎖システム」について、任意の「$A \subseteq X$」について、

$$C_{\mathcal{S}}(A) = \bigcap\{B \in \mathcal{S} \mid A \subseteq B\}$$

とすると、「$C_{\mathcal{S}}$」は「Y」の「閉鎖オペレータ」になります。

すなわち、これは「1 対 1」の関係「$C = C_{\mathcal{S}_C}$」「$\mathcal{S} = \mathcal{S}_{C_{\mathcal{S}}}$」になります。

「属性含意」の集合「T」について、「$Mod(T)$」は「Y」の「閉鎖システム」になることが示されます。

「Mod(T)」は「閉鎖システム」なので、対応する閉鎖オペレータ「$C_{\mathrm{Mod}(T)}$」を考えることができます。

すなわち、「$C_{\mathrm{Mod}(T)}$」の「不動点」は「T」の「モデル」になります。

したがって、すべての「$A \subseteq Y$」について、「A」を含む「$Mod(T)$」の「最小モデル」、すなわち、「$C_{\mathrm{Mod}(T)}(A)$」である「最小モデル」が存在します。

＊

「最小モデル」によって「含意」をテストできます。

任意の「$A \Rightarrow B$」「T」について、

$$T \models A \Rightarrow B \;\Leftrightarrow \| A \Rightarrow B \|_{C_{Mod(T)}(A)} = 1$$

が成り立ちます。

「属性含意」の「演繹システム」の「健全性」と「完全性」が導かれます。

この「演繹システム」は、「依存性」についての「推論」の基礎になります。

＊

上記で解説したように、「形式概念解析」は「データ解析」の興味深いツールを提供します。

利点としては、まず、「概念束」に基づく数学的基礎があり、「属性含意」に基づく推論機構もあります。

＊

また、「形式概念解析」は、「データ」を可視化できます。

「形式概念解析」は「テーブル」の概念を用いるので、「ラフ集合理論」とのいくつかの類似性を見つけることができます。

実際、「形式概念解析」は 2 値の「古典論理」を用います。

しかし、「非古典論理」に関連するように修正できるかどうか　は明らかではありません。

2.5 デシジョン論理

パブラックは、「知識」についての「推論」のための「デシジョン論理」(decision logic: DL) を形式化しています。

彼の主要な目的は、現実に関する「知識」についての「推論」を扱うことです。

※なお、「知識」は「**知識表現システム**」(knowledge representation system) と言う「属性テーブル」によって表現されます。

テーブル形式で「知識」を表現することには、いくつかの利点があります。

「データ・テーブル」は、別の形、すなわち、「論理システム」と解釈できます。

これが、「デシジョン論理」の出発点です。

「DL」の「言語」は、「属性」とその「値」の対である「原子式」と「原子式」を「論理記号」で結合した「合成式」から構成されます。

＊

「言語」の「アルファベット」は、以下のようになります。

- 「A」：「属性定数」の「集合]
- 「$V = \bigcup V_a$」：属性定数「$a \in A$」の値「V_a」の「集合」
- 「命題結合子」の集合「$\{\sim, \vee, \wedge, \rightarrow, \equiv\}$」(それぞれ「否定」「選言」「連言」「含意」「同値」)

＊

「DL-言語」の「式」の「集合」は、以下の条件を満足する「最小集合として定義されます。

- 「原子式」という「(a, v)」(または、省略形「a_v」)の形の「表現」は「DL-言語」の「式」です(「$a \in A$」「$v \in V_a$」)。

- 「ϕ」「ψ」が「DL-言語」の「式」ならば「$\sim \phi$」「$(\phi \vee \psi)$」「$(\phi \wedge \psi)$」「$(\phi \rightarrow \psi)$」「$(\phi \equiv \psi)$」も「式」です。

「式」は、「領域」の「オブジェクト」の記述に用いられます。

特に、「(a, v)」の形の「原子式」は、属性「a」の値「v」のすべての「オブジェクト」の記述と解釈されます。

「DL」の「意味論」は、「モデル」で与えられます。

「DL」について、「モデル」は知識表現システム「$S = (U, A)$」になり、「U」の述語「(a, v)」の記号の意味を記述します。

「式」を「モデル」で適切に解釈すれば、それぞれの「式」はある「オブジェクト」の性質を表現する意味ある「文」になります。

＊

オブジェクト「$x \in U$」が「$S = (U, A)$」で式「ϕ」を「**満足する**」（「$x \models_S \phi$」または「$x \models \phi$」）のは、以下の条件を満足することと「同値」になります。

(1) $x \models (a, v) \Leftrightarrow a(x) = v$

(2) $x \models \sim \phi \Leftrightarrow x \not\models \phi$

(3) $x \models \phi \vee \psi \Leftrightarrow x \models \phi$ または r $x \models \psi$

(4) $x \models \phi \wedge \psi \Leftrightarrow x \models \phi$ かつ $x \models \psi$

※なお、「$x \models_S \phi$」である「モデル」が存在すれば、「ϕ」は「**充足可能**」(satisfiable)と言います。

上記の定義から、以下の関係は明らかです。

(5) $x \models \phi \to \psi \ \Leftrightarrow \ x \models \sim \phi \vee \psi$

(6) $x \models \phi \equiv \psi \ \Leftrightarrow \ x \models \phi \to \psi$ かつ $x \models \psi \to \phi$

「ϕ」が「式」ならば、集合「$|\phi|_S$」、

$$|\phi|_s = \{x \in U \mid x \models_S \phi\}$$

は「S」の式「ϕ」の「**意味**」(meaning) と言います。

*

任意の「式」の「意味」は、次の「**命題 2.19**」を満足します。

[**命題 2.19**]

「ϕ」「ψ」を任意の「式」とすると、以下の関係が成り立つ。

(1) $|(a,v)|_S = \{x \in U \mid a(x) = v\}$

(2) $|\sim \phi|_S = -\,|\phi|_S$

(3) $|\phi \vee \psi|_S = |\phi|_S \cup |\psi|_S$

(4) $|\phi \wedge \psi|_S = |\phi|_S \cap |\psi|_S$

(5) $|\phi \to \psi|_S = -\,|\phi|_S \cup |\psi|_S$

(6) $|\phi \equiv \psi|_S = (|\phi|_S \cap |\psi|_S) \cup (-\,|\phi|_S \cap -\,|\psi|_S)$

したがって、式「ϕ」の「意味」は、式「ϕ」で表現される「性質」をもつすべての「オブジェクト」の「集合」、または、「オブジェクト」の集合「$|\phi|$」の「KR-言語」における「記述」になります。

式「ϕ」は、「$|\phi|_S = U$」、すなわち、その「式」が KR-システム「S」の「領域」のすべての「オブジェクト」によって満足させるならば、「S」において「真」になると言い、「$\models_S \phi$」と書きます。

[命題 **2.20**]

以下は、「式」の「意味」の基本的性質を示している。

(1) $\models_S \phi \ \Leftrightarrow |\phi| = U$
(2) $\models_S \sim\phi \ \Leftrightarrow |\phi| = \emptyset$
(3) $\phi \rightarrow \psi \ \Leftrightarrow |\psi| \subseteq |\psi|$
(4) $\phi \equiv \psi \ \Leftrightarrow |\psi| = |\psi|$

「式」の「意味」は、「領域」についての「知識」、すなわち、「知識表現システム」に依存します。

特に、「式」は 1 つの「知識表現システム」では真になり、別の「知識表現システム」では偽になるかもしれません。

しかし、実際の属性値に依存せず真になる「式」もありますが、それらは形式構造のみに依存します。

このような「式」の「意味」を見つけるには、任意の特定の「知識表現システム」に含まれる「知識」を把握する必要はありません。

なぜなら、それらの「意味」は形式構造のみに決定されるからです。

よって、ある事実が我々の「知識」で真になるのを問えば、適切な方法でこの「知識」を利用すれば充分です。

すべての可能な「知識表現システム」で真 (または偽) である「式」について、特定の「知識」ではなく適当な論理的ツールが必要になります。

*

「DL」の「演繹」を扱うためには、適切な「公理」と「推論規則」が必要になります。

ここで、「公理」は「古典命題論理」の「公理」に対応しますが、「知識表現システム」の性質を表わすいくつかの「公理」も必要になります。

唯一の「推論規則」は「**モーダス・ポーネンス**」(modus ponens) になります。

以降、次の省略形を用います。

$$\phi \wedge \sim \phi =_{\mathrm{def}} 0,\ \ \phi \vee \sim \phi =_{\mathrm{def}} 1$$

明らかに、「$\models 1$」「$\models \sim 0$」になります。

よって、「0」「1」は、それぞれ、「偽」「真」を表わします。

「$v_i \in V_a, P = \{a_1, a_2, ..., a_n\}$」「$P \subseteq A$」とすると、次の形の「式」、

$$(a_1, v_1) \wedge (a_2, v_2) \wedge ... \wedge (a_n, v_n)$$

は、「**P-基本式**」(P-basic formula) または「P-式」と言います。

そして、「原子式」は「**A-基本式**」(A-basic formula) または「基本式」と言います。

「$P \subseteq A$」「ϕ」を「P-式」とし、「$x \in U$」とします。

もし「$x \models \phi$」ならば、「ϕ」は「S」で「x」の「**P-記述**」(P-description) と言います。

知識表現システム「$S = (U, A)$」で、「充足可能」な「A-基本式」は、「S」で「**基本知識**」(basic knowledge) と言います。

＊

「知識表現システム」は、「データ・テーブル」によって記述されます。

そして、その「行」は「属性」でラベル付けされ、「列」は「オブジェクト」でラベル付けされます。

よって、「テーブル」のそれぞれの「行」は特定の「A-基本式」で記述され、全体の「テーブル」は、「テーブル」の代わりに「DL」のそのようなすべての「式」の「集合」で記述されます。

すなわち、「知識」を表現するために、「文」を用いることができます。

「DL」に特定な、いくつかの「公理」があります。

(1) すべての「$a \in A$」「$u, v \in V$」「$v \neq u$」について
「$(a, v) \wedge (a, u) \equiv 0$」

(2) すべての「$a \in A$」について
「$\bigvee_{v \in V_a} (a, v) \equiv 1$」

(3) すべての「$a \in A$」について
「$\sim (a, v) \equiv \bigvee_{a \in V_a, u \neq v} (a, u)$」

公理「**(1)**」は、それぞれの「オブジェクト」は「属性」の1つだけの値をもつ、ことを述べています。

公理「(2)」は、それぞれの「属性」はその「システム」のすべての「オブジェクト」の「領域」の値の1つを取る、ことを仮定しています。

公理「(3)」は、「否定」の除去を許す、ことを表わしています。

与えられた「性質」をもたない「オブジェクト」の代わりに、他の「性質」をもつとします。

[命題 2.21]

「DL」では、任意の「$P \subseteq A$」について次の関係が成り立つ。

$$\models_S \sum_S (P) \equiv 1.$$

「**命題 2.21**」は、「知識表現システム」に含まれる「知識」は現時点で得られるすべての「知識」であることを意味しており、いわゆる「閉世界仮説」(CWA: closed world assumption) に対応します。

式「ϕ」が「式」の集合「Ω」から「導出可能」($\Omega \vdash \phi$) なのは、「公理」と「Ω」の「式」から、「モーダス・ポーネンス」の有限回の適用によって導出可能であることと「同値」になります。

式「ϕ」が「DL」の「定理」($\vdash \phi$) なのは、「公理」のみから導出

可能であることと「同値」です。

「式」の集合「Ω」が「**無矛盾**」なのは、式「$\phi\wedge\sim\phi$」が「$\vdash\phi$」から導出可能でないことと「同値」です。

「DL」の「定理」の「集合」は、「古典命題論理」の「定理」の「集合」および公理「**(1)-(3)**」(「否定」が除去可能」) と等しくなります。

「KR-言語」の「式」は、「**標準形**」(normal form) という特別な形に変換できますが、これは「古典命題論理」の「標準形」と類似しています。

「$P\subseteq A$」を「属性」の「集合」の「部分集合」、「ϕ」を「KR-言語」の「式」とします。

「ϕ」が「S」で「P**-標準形**」(P-normal form)、省略して「P-標準形」であるのと、「ϕ」が「0」または「ϕ」が「1」または「ϕ」が「S」で空(くう)でない「P-基本式」の「選言」であることは「同値」になります。

※なお、式「ϕ」は「$\lvert\phi\rvert\neq\emptyset$」ならば空ではありません。

以降、「A-標準形」を「標準形」と言うことにします。

次の「命題」は、「DL-言語」の重要な性質を表わしています。

[命題 **2.22**]

「ϕ」を「DL-言語」の「式」とし、「P」は「ϕ」のすべての「属性」を含むとする。

さらに、**(1)-(3)**、「$\sum_S(A)$」を仮定する。

そうすると、「$\phi \equiv \psi$」である「P-標準形」の式「ψ」が存在する。

ここで、Pawlak [161] の例を説明します。

以下の「知識表現システム」を考えます。

U	a	b	c
1	1	0	2
2	2	0	3
3	1	1	1
4	1	1	1
5	2	1	3
6	1	0	3

表 **2.1**　KR-システム **1**

ここで、「$a_1b_0c_2, a_2b_0c_3, a_1b_1c_1, a_2b_1c_3, a_1b_0c_3$」は、すべて「$KR$-システム」で「基本式」(基本知識) になります。

※なお、簡略化のため、「基本式」の「連言」の記号は省略しています。

この「システム」の「特徴式」は、

$$a_2b_0c_2 \vee a_2b_0c_3 \vee a_1b_1c_1 \vee a_2b_1c_3 \vee a_1b_0c_3$$

になります。

ここで、「システム」の「式」に以下のような「意味」を与えます。

$$|a_1 \vee b_0c_2| = \{1,2,4,6\}$$
$$|\sim(a_2b_1)| = \{1,2,3,4,6\}$$
$$|b_0 \to c_2| = \{1,3,4,5\}$$
$$|a_2 \equiv b_0| = \{2,3,4\}$$

「KR-システム 1」における「式」の「標準形」は、以下のようになります。

$$a_1 \vee b_0c_2 = a_1b_0c_2 \vee a_1b_1c_1 \vee a_1b_0c_3$$
$$\sim(a_2b_1) = a_1b_0c_2 \vee a_2b_0c_3 \vee a_1b_1c_1 \vee a_1b_0c_3$$
$$b_0 \to c_2 = a_1b_0c_2 \vee a_1b_1c_1 \vee a_2b_1c_3$$
$$a_2 \equiv b_0 = a_2b_0c_1 \vee a_2b_0c_2 \vee a_2b_0c_3 \vee a_1b_1c_1 \vee a_1b_1c_2 \vee a_1b_1c_3$$

「$\{a,b\}$-標準形」の「式」の例は、次の通りです。

$$\sim (a_2b_1) = a_1b_0 \vee a_2b_0 \vee a_1b_1 \vee a_1b_0$$
$$a_1 \equiv b_0 = a_2b_0 \vee a_1b_1$$

「$\{b,c\}$-標準形」の「式」の例は、次の通りです。

$$b_0 \to c_2 = b_0c_2 \vee b_1c_1 \vee b_1c_3$$

「式」の「標準形」を計算するには、「命題論理」と「知識表現システム」に特化した「公理」を用いなければいけません。

任意の含意「$\phi \to \psi$」は、「知識表現言語」で「**デシジョン・ルール**」(decision rule) と言います。

「ϕ」と「ψ」は、それぞれ、「$\phi \to \psi$」の「**前件**」(predecessor)、「**後件**」(successor) と言います。

デシジョン・ルール「$\phi \to \psi$」は、もし「S」で真ならば「S」で「**無矛盾**」(consistent) であると言い、そうでなければ「S」で「**矛盾**」(inconsistent) であると言います。

「$\phi \to \psi$」が「デシジョン・ルール」、「ϕ」「ψ」をそれぞれ「P-基本式」「Q-基本式」とすると、デシジョン・ルール「$\phi \to \psi$」は「**PQ-基本デシジョン・ルール**」(PQ-basic decision rule) または「PQ-ルール」と言います。

PQ-ルール「$\phi \to \psi$」は「$\phi \wedge \psi$」が「S」で「充足可能」なら、「S」で「許容可能」(admissible) と言います。

> **[命題 2.23]**
>
> 「PQ-ルール」が「S」で「真」(「無矛盾」) であるのは、すべての「$\{P, Q\}$-基本式」がその「ルール」の「前件」の「$\{P, Q\}$-標準形」に出現し、かつ、「後件」の「$\{P, Q\}$-標準形」に出現することと、「同値」になる。
>
> そうでない場合は、その「ルール」は「偽」(「矛盾」) になることと、「同値」になる。

ルール「$b_0 \to c_2$」は、上記の「KR-システム 1」で「偽」になります。

なぜなら、「b_0」の「$\{b, c\}$-標準形」は「$b_0c_2 \vee b_0c_3$」、「c_2」の「$\{b, c\}$-標準形」は「b_0c_2」、式「b_0c_3」はその「ルール」の「後件」に出現してないからです。

他方、ルール「$a_2 \to c_3$」は、この「テーブル」で「真」になります。

なぜなら、「a_2」の「$\{a, c\}$-標準形」は「a_2c_3」、「c_3」の「$\{a, c\}$-

標準形」は「$a_2c_3 \vee a_1c_3$」になるからです。

「DL-言語」の任意の「デシジョン・ルール」の「有限集合」は、「**デシジョン・アルゴリズム**」(decision algorithm) と言います。

「基本デシジョン・アルゴリズム」のすべての「デシジョン・ルール」が「PQ-デシジョン・ルール」ならば、「**PQ-デシジョン・アルゴリズム**」(PQ-decisionalgorithm) または「PQ-アルゴリズム」と言い、「(P, Q)」で表わします。

「PQ-アルゴリズム」は、「S」で許容的なすべての「PQ-ルール」の「集合」ならば、「**許容可能**」(admissible) と言います。

「PQ-アルゴリズム」が「S」で「**完全**」(complete) なのは、「S」ですべての「$x \in U$」について、「S」で「$x \models \phi \wedge \psi$」を満足する PQ-デシジョン・ルール「$\phi \rightarrow \psi$」がその「アルゴリズム」に存在することと同値です。

「PQ-アルゴリズム」は「完全」でなければ、「**不完全**」(incomplete) と言います。

「PQ-アルゴリズム」が「S」で「**無矛盾**」(consisntent) なのは、そのすべての「デシジョン・ルール」が「S」で「無矛盾」(「真」) であることと同値です。

「PQ-アルゴリズム」は「無矛盾」でなければ、「**矛盾**」(inconsisntent) と言います。

なお、「無矛盾」(「矛盾」) は、「**非決定性**」(indeterminism) と解釈できます。

「知識表現システム」について、属性「P,Q」の任意の 2 つの空(くう)でない部分集合は、唯一の「PQ-デシジョン・アルゴリズム」を決定します。

*

では、次の「知識表現システム」を考えます (Pawlak [161])。

U	a	b	c	d	e
1	1	0	2	1	1
2	2	1	0	1	0
3	2	1	2	0	2
4	1	2	2	1	1
5	1	2	0	0	2

表 2.2　KR-システム 2

ここで、「$P = \{a, b, c\}$」「$Q = \{d, c\}$」をそれぞれ「条件」「デシジョン属性」と仮定します。

集合「P」「Q」には、唯一の「テーブル」に対応する「PQ-デシジョン・アルゴリズム」があります。

$$a_1b_0c_2 \to d_1e_1$$
$$a_2b_1c_0 \to d_1e_0$$
$$a_2b_2c_2 \to d_0e_2$$
$$a_1b_2c_2 \to d_1e_1$$
$$a_1b_2c_0 \to d_0e_2$$

「$R = \{a, b\}$」「$T = \{c, d\}$」をそれぞれ「条件」「デシジョン属性」と仮定すると、表 **2.2** による「RT-アルゴリズム」は以下のようになります。

$$a_1b_0 \to c_2d_1$$
$$a_2b_1 \to c_0d_1$$
$$a_2b_1 \to c_2d_0$$
$$a_1b_2 \to c_2d_1$$
$$a_1b_2 \to c_0d_0$$

もちろん、両方の「アルゴリズム」は「許容可能」「完全」になります。

「デシジョン・アルゴリズム」が「無矛盾」かどうかをチェックするには、そのすべての「デシジョン・ルール」が「真」かをチェックしなければいけません。

次の「**命題 2.24**」は、この問題を解決するより単純な方法を示しています。

> **[命題 2.24]**
>
> 「PQ-デシジョン・アルゴリズム」の PQ-デシジョン・ルール「$\phi \to \psi$」が「S」で「無矛盾」(「真」)であることと、
>
> 「PQ-デシジョン・アルゴリズム」の任意の PQ-デシジョン・ルール「$\phi' \to \psi'$」について「$\phi = \phi'$」が「$\psi = \psi'$」を含意することは、「同値」になる。

「**命題 2.2**」で項の順序は重要です。

なぜなら、「表現」の「同一性」を必要とするからです。

また、デシジョン・ルール「$\phi \to \psi$」が「真」かどうかをチェックするには、「ルール」の「前件」(「ϕ」)が「デシジョン・アルゴリズム」の他の「デシジョン・クラス」からデシジョン・クラス「ψ」を識別しなければなりません。

したがって、「真理」の概念は「識別不能性」の概念に置き換えることができます。

*

再び、「知識表現システム 2」を考えます。

「$P = \{a, b, c\}$」「Q」をそれぞれ「条件」「デシジョン属性」とし、「PQ-アルゴリズム」、

$$
\begin{aligned}
&a_1b_0c_2 \rightarrow d_1e_1\\
&a_2b_1c_0 \rightarrow d_1e_0\\
&a_2b_2c_2 \rightarrow d_0e_2\\
&a_1b_2c_2 \rightarrow d_1e_1\\
&a_1b_2c_0 \rightarrow d_0e_2
\end{aligned}
$$

が「無矛盾」かどうかをチェックしてみます。

この「アルゴリズム」のすべての「デシジョン・ルール」の「前件」は異なるので、これらは「無矛盾」であり、その結果、「アルゴリズム」は「無矛盾」になります。

※なお、これは表 **2.3** から、直接分かります。

U	a	b	c	d	e
1	1	0	2	1	1
4	1	2	2	1	1
2	2	1	0	1	0
3	2	1	2	0	2
5	1	2	0	0	2

表 **2.3**　KR-システム **2**

「RT-アルゴリズム」(「$R=\{a,b\}$」「$T\{c,d\}$」)、

$$a_1b_0 \to c_2d_1$$
$$a_2b_1 \to c_0d_1$$
$$a_2b_1 \to c_2d_0$$
$$a_1b_2 \to c_2d_1$$
$$a_1b_2 \to c_0d_0$$

は「矛盾」になります。

なぜなら、「ルール」、

$$a_2b_1 \to c_0d_1$$
$$a_2b_1 \to c_2d_0$$

が同じ「前件」と異なる「後件」をもつからです。

すなわち、条件「a_2b_1」によって「c_0d_1」「c_2d_0」を識別できません。

よって、両者の「ルール」はこの「KR-システム」で「矛盾」(偽)になります。

同様に、「ルール」、

$$a_1b_2 \to c_2d_1$$
$$a_1b_2 \to c_0d_0$$

も「矛盾」(偽)になります。

では、「属性」の「依存性」(dependency) に話しを移します。

「$K = (U, \mathbf{R})$」を「知識ベース」、「$\mathbf{P}, \mathbf{Q} \subseteq \mathbf{R}$」とします。

(1) 知識「$\mathbf{Q}$」は知識「$\mathbf{P}$」に「**依存する**」(depends on, 「$\mathbf{P} \Rightarrow \mathbf{Q}$」) $\Leftrightarrow$ $IND(\mathbf{P}) \subseteq IND(\mathbf{Q})$

(2) 「$\mathbf{P} \Rightarrow \mathbf{Q}$」「$\mathbf{Q} \Rightarrow \mathbf{P}$」ならば知識「$\mathbf{P}$」「$\mathbf{Q}$」は「**同値**」(equivalent, 「$\mathbf{P} \equiv \mathbf{Q}$」) になる。

(3) 知識「$\mathbf{P}$」「$\mathbf{Q}$」は「**独立**」(independent, $\mathbf{P} \not\equiv \mathbf{Q}$) $\Leftrightarrow$ 「$\mathbf{P} \Rightarrow \mathbf{Q}$」も「$\mathbf{Q} \Rightarrow \mathbf{P}$」も成り立たない。

明らかに、「$\mathbf{P} \equiv \mathbf{Q}$」と「$IND(\mathbf{P}) \equiv IND(\mathbf{Q})$」は「同値」になります。

次の**「命題 2.25」**が示すように、「依存性」は異なる方法でも解釈できます。

[命題 2.25]

以下は「同値」になる。

(1) 「$\mathbf{P} \Rightarrow \mathbf{Q}$」

(2) 「$IND(\mathbf{P} \cup \mathbf{Q}) = INS(\mathbf{P})$」

(3) 「$POS_{\mathbf{P}}(\mathbf{Q}) = U$」

(4) すべての「$X \in U/\mathbf{Q}$」について「$\underline{\mathbf{P}}X$」

ここで、「$\underline{\mathbf{P}}X$」は「$\underline{IND(\mathbf{P})}/X$」を表わす。

「命題 2.25」から、次のことが分かります。

もし、「$\mathbf{Q}$」が「$\mathbf{P}$」に依存するなら、知識「$\mathbf{P} \cup \mathbf{Q}$」「$\mathbf{P}$」が「オブジェクト」の同じ特徴付けを与えるので、知識「$\mathbf{Q}$」は「知識ベース」で余分になります。

「リダクト」と「依存性」のいくつかの関係を紹介します[1]。

[命題 2.26]

「$\mathbf{P}$」が「$\mathbf{Q}$」の「リダクト」なら、「$\mathbf{P} \Rightarrow \mathbf{Q} - \mathbf{P}$」「$IND(\mathbf{P}) = IND(\mathbf{Q})$」が成り立つ。

[命題 2.27]

次の関係が成り立つ。

(1) 「$\mathbf{P}$」が「依存」するなら、「$\mathbf{Q}$」が「$\mathbf{P}$」の「リダクト」である部分集合「$\mathbf{Q} \subset \mathbf{P}$」が存在する。

[1]なお、「リダクト」については、次節で説明します。

(2) 「$\mathbf{P} \subseteq \mathbf{Q}$」「$\mathbf{P}$」が「独立」なら、「$\mathbf{P}$」のすべての「基本関係」は対で「独立」。

(3) 「$\mathbf{P} \subseteq \mathbf{Q}$」「$\mathbf{P}$」が「独立」なら、「$\mathbf{P}$」のすべての部分集合「$\mathbf{R}$」は「独立」。

[命題 2.28]

次の関係が成り立つ。

(1) 「$\mathbf{P} \Rightarrow \mathbf{Q}$」「$\mathbf{P}' \supset \mathbf{P}$」ならば「$\mathbf{P}' \Rightarrow \mathbf{Q}$」

(2) 「$\mathbf{P} \Rightarrow \mathbf{Q}$」「$\mathbf{Q}' \subset \mathbf{Q}$」ならば「$\mathbf{P} \Rightarrow \mathbf{Q}'$」

(3) 「$\mathbf{P} \Rightarrow \mathbf{Q}$」「$\mathbf{Q} \Rightarrow \mathbf{R}$」ならば「$\mathbf{P} \Rightarrow \mathbf{R}$」

(4) 「$\mathbf{P} \Rightarrow \mathbf{R}$」「$\mathbf{Q} \Rightarrow \mathbf{R}$」ならば「$\mathbf{P} \cup \mathbf{Q} \Rightarrow \mathbf{R}$」

(5) 「$\mathbf{P} \Rightarrow \mathbf{R} \cup \mathbf{Q}$」ならば「$\mathbf{P} \Rightarrow \mathbf{R}$」「$\mathbf{P} \cup \mathbf{Q} \Rightarrow \mathbf{R}$」

(6) 「$\mathbf{P} \Rightarrow \mathbf{Q}$」「$\mathbf{Q} \cup \mathbf{R} \Rightarrow \mathbf{T}$」ならば「$\mathbf{P} \cup R \Rightarrow \mathbf{T}$」

(7) 「$\mathbf{P} \Rightarrow \mathbf{Q}$」「$\mathbf{R} \Rightarrow \mathbf{T}$」ならば「$\mathbf{P} \cup \mathbf{R} \Rightarrow \mathbf{Q} \cup \mathbf{T}$」

「導出」(「依存性」) は部分的、なわち、知識「$\mathbf{Q}$」の一部分のみが知識「 $\mathbf{P}$」から「導出可能」になります。

「部分導出可能性」は、「知識」の「正領域」の概念を用い定義できます。

「$K = (U, \mathbf{R})$」を「知識ベース」、「$\mathbf{P}, \mathbf{Q} \subset \mathbf{R}$」とします。

知識「$\mathbf{Q}$」が知識「$\mathbf{P}$」に度合「$k\ (0 \leq k \leq 1)$」で依存 (「$\mathbf{P} \Rightarrow_k \mathbf{Q}$」) するのは、以下と「同値」になります。

$$k = \gamma_{\mathbf{P}}(\mathbf{Q}) = \frac{card(POS_{\mathbf{P}}(\mathbf{Q}))}{card(U)}$$

ここで、「$card$」は「集合」の「濃度」を表わします。

「$k = 1$」ならば、「$\mathbf{Q}$」は 「$\mathbf{P}$」に「**全体的に依存する**」(totally depends from) と言います。

「$0 < k < 1$」ならば、「$\mathbf{Q}$」は 「$\mathbf{P}$」に「**粗く (部分的に) 依存する**」(roughly (partially) depends from) と言います。

「$k = 0$」ならば、「$\mathbf{Q}$」は「$\mathbf{P}$」に「**全体的に無依存である**」(totally independent from) と言います。

※なお、「$\mathbf{P} \Rightarrow_1 \mathbf{Q}$」は「$\mathbf{P} \Rightarrow \mathbf{Q}$」とも書きます。

上記の考えは、「オブジェクト」を分類する能力とも解釈できます。

より正確に言うと、「$k = 1$」ならば、「領域」のすべての「要素」は知識「 $\mathbf{P}$」を用い、「$U/\mathbf{Q}$」の「基本カテゴリ」に分類されます。

したがって、係数「$\gamma_{\mathbf{P}}(\mathbf{Q})$」は、「$\mathbf{Q}$」と「$\mathbf{P}$」の「依存性」の「度合」と解釈できます。

すなわち、「知識ベース」の「オブジェクト」の「集合」を集合「$POS_{\mathbf{P}}(\mathbf{Q})$」に制限すれば、「$\mathbf{P} \Rightarrow \mathbf{Q}$」が「全体的依存性」である「知識ベース」を得ます。

依存性「$\mathbf{P} \Rightarrow_k \mathbf{Q}$」の測度「$k$」は、「部分的依存性」が実際に「$U/\mathbf{Q}$」の「クラス」にいかに分散しているかを把握しません。

たとえば、ある「決定クラス」は「$\mathbf{P}$」によって充分に特徴付けできますが、他は部分的にしか特徴付けできないかもしれません。

係数「$\gamma(X) = card(\underline{\mathbf{P}}X)/card(X)$」（「$X \in U/\mathbf{Q}$」）も必要になりますが。

これは「$U/\mathbf{Q}$ 」のそれぞれの「クラス」の多くの「要素」が 知識「$\mathbf{P}$」を用いていかに分類されるかを示します。

したがって、2 つの係数「$\gamma(\mathbf{Q})$」「$\gamma(X)$」$(x \in U/\mathbf{Q})$ は、分類「$U/\mathbf{Q}$」についての知識「$\mathbf{P}$ 」の分類能力についての充分な情報を与えます。

[命題 2.29]

次の関係が成り立つ。

(1) 「$\mathbf{R} \Rightarrow_k \mathbf{P}$」「$\mathbf{Q} \Rightarrow_l \mathbf{P}$」ならば、ある「$m \geq max(k,l)$」について「$\mathbf{R} \cup \mathbf{Q} \Rightarrow \mathbf{P}$」

(2) 「$\mathbf{R} \cup \mathbf{P} \Rightarrow_k \mathbf{Q}$ ならば、ある「$l, m, \leq k$」について「$\mathbf{R} \Rightarrow_l \mathbf{Q}$」「$\mathbf{P} \Rightarrow_m \mathbf{Q}$」

(3) 「$\mathbf{R} \Rightarrow_k \mathbf{Q}$」「$\mathbf{R} \Rightarrow_l \mathbf{P}$」ならば、ある「$m \leq max(k,l)$」について「$\mathbf{R} \Rightarrow_m \mathbf{Q} \cup \mathbf{P}$」

(4) 「$\mathbf{R} \Rightarrow_k \mathbf{Q} \cup \mathbf{P}$」ならば、ある「$l, m \geq k$」について「$\mathbf{R} \Rightarrow_l \mathbf{Q}$」「$\mathbf{R} \Rightarrow_m \mathbf{P}$」

(5) 「$\mathbf{R} \Rightarrow_k \mathbf{P}$」「$\mathbf{P} \Rightarrow_l \mathbf{Q}$」ならば、ある「$m \geq l+k-1$」について「$\mathbf{R} \Rightarrow_m \mathbf{Q}$」.

*

では、「依存性」の「決定アルゴリズム」に話しを戻します。

「S」で矛盾する「PQ-アルゴリズム」が存在するなら、「属性」の「S」で集合「Q」は「属性」の集合「P 」に**「部分的に依存する」**と言います。

「属性」の間の「依存性」の「度合」を定義できます。

「(P,Q)」を「S」での「PQ-アルゴリズム」とします。

アルゴリズム「(P,Q)」の「正領域」は「$POS(P,Q)$」と書き、その「アルゴリズム」のすべての「無矛盾」(「真」) である「PQ-ルール」の「集合」を意味します。

決定アルゴリズム「(P,Q)」の「正領域」は、矛盾する「アルゴリズム」の無矛盾な (空の可能性がある) 部分になります。

明らかに、「PQ-アルゴリズム」が矛盾することと、「$POS(P,Q) \neq (P,Q)$」または同じ意味の「$card(POS(P,Q)) \neq card(P,Q)$」は「同値」になります。

「PQ-決定アルゴリズム」に、「無矛盾度」または「アルゴリズムの度合」という数「$k = card(POS(P,Q))/card(P,Q)$」を付随でき、「$PQ$-アルゴリズム」には無矛盾度「$k$」がある、と言います。

明らかに、「$0 \leq k \leq 1$」になります。

「PQ-アルゴリズム」の「無矛盾度」が「k」なら、「属性」の集合「Q」は「属性」の集合「P」に**「度合「k」で依存する」**と言い、「$P \Rightarrow_k Q$」と書きます。

「アルゴリズム」が「無矛盾」であることと、「$k=1$」は「同値」になり、そうでなければ「$k \neq 1$」になります。

すべてのこれらの概念は、上記で説明したものと同じです。

「無矛盾アルゴリズム」では、すべての「決定」は、「決定アルゴリズム」の条件によって唯一に決まります。

言い換えれば、これは「決定アルゴリズム」で得られる条件によって、「無矛盾アルゴリズム」のすべての「決定」は「識別可能」であることを意味します。

*

「デシジョン論理」は、「命題論理」のみを用い、「知識」についての「推論」のための単純な手段になり、いくつかの応用に有用です。

いわゆる「**デシジョン・テーブル**」は、「KR-システム」として用いることができます。

しかし、「デシジョン論理」の応用性は限定的と思われます。

すなわち、「推論」一般については汎用的「システム」ではありません。

本書では、「ラフ集合理論」に基づく一般的な枠組みを後述します。

2.6 知識縮約

「ラフ集合理論」の重要な問題の 1 つは、考慮される「知識」によってある「カテゴリ」を定義するために全体の「知識」は常に必須かというものです。

この問題は、**「知識縮約」**(knowledge reduction) と言います。

「知識」の「縮約」には、 2 つの基本概念があります。

すなわち、**「リダクト」**(reduct) と**「コア」**(core) です。

直観的に言うと、「知識」の「リダクト」はその本質的な部分で、該当する「知識」のすべての基本概念を定義するのに充分なものです。

また、「コア」は「知識」のもっとも特徴的な部分の「集合」になります。

「$\mathbf{R}$」を「同値関係」の族「$R \in \mathbf{R}$」とします。

「R」は「$IND(\mathbf{R}) = IND(\mathbf{R} - \{R\})$」ならば「$\mathbf{R}$」で**「必須でない」**(dispensable) と言い、そうでなければ「$\mathbf{R}$」で**「必須である」**(indispensable) と言います。

族「$\mathbf{R}$」は「$\mathbf{R}$」でそれぞれの「$R \in \mathbf{R}$」が必須ならば、「**独立している**」(independent) と言い、そうでなければ「**依存している**」(dependent) と言います。

> **[命題 2.30]**
>
> 「$\mathbf{R}$」が「独立」で「$\mathbf{P} \subseteq \mathbf{R}$」ならば「$\mathbf{P}$」も「独立」している。

以下の**「命題 2.31」**は、「コア」と「リダクト」の関係を示しています。

「$\mathbf{Q} \subseteq \mathbf{P}$」は、「$\mathbf{Q}$」が「独立」かつ「$IND(\mathbf{Q}) = IND(\mathbf{P})$」ならば、「$\mathbf{P}$」の「**リダクト**」と言います。

明らかに、「$\mathbf{P}$」は複数の「リダクト」をもつかもしれません。

「$\mathbf{P}$」のすべての「識別不能関係」の「集合」は「$\mathbf{P}$」の「**コア**」と言い、「$CORE(\mathbf{P})$」で表わします。

> **[命題 2.31]**
>
> 「$RED(\mathbf{P})$」を「$\mathbf{P}$」のすべての「リダクト」の「族」とすると、「$CORE(\mathbf{P}) = \bigcap RED(\mathbf{P})$」が成り立つ。

ここで、Pawlak [161]. の例を見てみます。

3つの同値関係「P, Q, R」の族「$\mathbf{R} = \{P, Q, R\}$」が以下の「同値クラス」をもつ、と仮定します。

$$U/P = \{\{x_1, x_4, x_5\}, \{x_2, x_8\}, \{x_3\}, \{x_6, x_7\}\}$$
$$U/Q = \{\{x_1, x_3, x_5\}, \{x_6\}, \{x_2, x_4, x_7, x_8\}\}$$
$$U/R = \{\{x_1, x_5\}, \{x_6\}, \{x_2, x_7, x_8\}, \{x_3, x_4\}\}$$

関係「$IND(\mathbf{R})$」には、以下の「同値クラス」があります。

$$U/IND(\mathbf{R}) = \{\{x_1, x_5\}, \{x_2, x_8\}, \{x_3\}, \{x_4\}, \{x_6\}, \{x_7\}\}$$

「P」は、「$\mathbf{R}$」で「必須」です。

なぜなら、

$$U/IND(\mathbf{R} - \{P\}) = \{\{x_1, x_3\}, \{x_2, x_7, x_8\}, \{x_3\}, \{x_4\}, \{x_6\}\} \neq U/IND(\mathbf{R})$$

が成り立つからです。

「Q」については、以下が成り立ちます。

$$U/IND(\mathbf{R} - \{Q\}) = \{\{x_1, x_3\}, \{x_2, x_8\}, \{x_3\}, \{x_4\}, \{x_6\}, \{x_7\}\} = U/IND(\mathbf{R})$$

よって、関係「Q」は「$\mathbf{R}$」で「必須」ではありません。

同様に、関係「R」については、

$$U/IND(\mathbf{R}-\{R\}) = \{\{x_1, x_3\}, \{x_2, x_8\}, \{x_3\}, \{x_4\}, \{x_6\}, \{x_7\}\} = U/IND(bfR)$$

が成り立つので、「R」も「$\mathbf{R}$」で「必須」ではありません。

よって、3 つの同値関係「P, Q, R」の「集合」で定義される「分類」は、同値関係「P, Q」または「P, R」の「集合」で定義される「分類」と同じになります。

族「$\mathbf{R} = \{P, Q, R\}$」の「リダクト」を見つけるには、「関係」のペア「P, Q」「P, R」が「必須」かをチェックしなければいけません。

「$U/IND(\{P, Q\}) \neq U/IND(Q)$」「$U/IND(\{P, Q\}) \neq U/IND($
なので、「P」「Q」は「独立」になります。

したがって、「$\{P, Q\}$」は「$\mathbf{R}$」の「リダクト」になります。
同様に、「$\{P, R\}$」は「$\mathbf{R}$」の「リダクト」になります。

これらから、族「$\mathbf{R}$」には 2 つの「リダクト」、すなわち、「$\{P, Q\}$」「$\{P, R\}$」が存在します。

また、「$\{P, Q\} \cap \{P, R\} = \{P\}$」は「$\mathbf{R}$」の「コア」になります。

*

「リダクト」「コア」の概念は、一般化が可能です。

「P」「Q」を「U」における「同値関係」とします。

「P-正領域」(P-positive region) は、「$POS_P(Q)$」と書き、次のように定義されます。

$$POS_P(Q) = \bigcup_{X \in U/Q} \underline{P}X$$

「Q」の「正領域」は、分類「U/P」で表現される「知識」を用いた「U/Q」の「クラス」に適正に分類される空間「U」のすべての「オブジェクト」の「集合」です。

「$\mathbf{P}$」「$\mathbf{Q}$」を「U」における「同値関係」の「族」とします。

$$POS_{IND(\mathbf{P})}(IND(\mathbf{Q})) = POS_{IND(\mathbf{P}-\{R\})}(IND(\mathbf{Q}))$$

ならば、「$R \in \mathbf{P}$」は「$\mathbf{P}$」で「$\mathbf{Q}$-必須でない」と言い、そうでなければ、「R」は「$\mathbf{P}$」で「$\mathbf{Q}$-必須である」と言います。

すべての「$R \in \mathbf{P}$」が「$\mathbf{Q}$-必須」ならば、「$\mathbf{P}$」は「$\mathbf{Q}$-独立」と言います。

族「$\mathbf{S} \subseteq \mathbf{P}$」が「$\mathbf{P}$」の「$\mathbf{Q}$-リダクト」であることと、「$\mathbf{S}$」が「$\mathbf{P}$」の「$\mathbf{Q}$-独立」である「部分族」、かつ、「$POS_{\mathbf{S}}(\mathbf{Q}) = POS_{\mathbf{P}}(\mathbf{Q})$」

であることは、「同値」になります。

「$\mathbf{P}$」のすべての「$\mathbf{Q}$-必須基本関係」は「$\mathbf{Q}$-コア」と言い、「$CORE_{\mathbf{Q}}(\mathbf{P})$」で表わします。

*

次の**「命題 2.32」**は、相対的な「コア」と「リダクト」の関係を示しています。

[命題 2.32]

「$RED_{\mathbf{Q}}$」を「$\mathbf{P}$」のすべての「$\mathbf{Q}$-リダクト」の「族」とすると、「$CORE_{\mathbf{Q}}(\mathbf{P}) = \bigcap RED_{\mathbf{Q}}(\mathbf{P})$」が成り立つ。

「$POS_{\mathbf{P}}(\mathbf{Q})$」は、知識「$\mathbf{Q}$」用い知識「$\mathbf{Q}$」の「基本カテゴリ」に分類できるすべての「オブジェクト」の「集合」になります。

知識「$\mathbf{P}$」は、知識「$\mathbf{Q}$」の「基本カテゴリ」に「オブジェクト」を分類するのに必要な全体の知識「$\mathbf{P}$」ならば、「$\mathbf{Q}$-独立」になります。

知識「$\mathbf{P}$」の「$\mathbf{Q}$-コア」は、知識「$\mathbf{P}$」の本質的部分で、「$\mathbf{Q}$」の「基本カテゴリ」に「オブジェクト」を分類できる能力を妨げることなく除去できません。

知識「$\mathbf{P}$」の「$\mathbf{Q}$-リダクト」は、知識「$\mathbf{P}$」の最小の「部分集合」

で、「**Q**」の「基本カテゴリ」に「オブジェクト」を分類できるのと同じ知識「**P**」全体を与えます。

※なお、知識「**P**」は、2 つ以上の「リダクト」をもつことが可能です。

唯一の「**Q-**リダクト」をもつ知識「**P**」は、ある意味で、決定的、すなわち、知識「**Q**」の「基本カテゴリ」に「オブジェクト」を分類するとき、知識「**P**」の「基本カテゴリ」の唯一の使い方が存在します。

知識「**P**」が多くの「**Q-**リダクト」をもつなら、非決定的で、知識「**Q**」の「基本カテゴリ」に「オブジェクト」を分類するとき、一般に、知識「**P**」の「基本カテゴリ」の多くの使い方が存在します。

この「非決定性」は、「コア知識」が空ならば、特に強くなり、「知識」との同義性を導入します。

しかし、これはある場合には障害になります。

＊

では、「カテゴリ」の「縮約」に話しを移します。

「基本カテゴリ」は、「知識」の集まりで、「概念」の積み木と見なすことができます。

「知識ベース」のすべての「概念」は、「基本カテゴリ」を用いる

のみで (正確または近似的に) 表現されます。

他方、すべての「基本カテゴリ」は、いくつかの「カテゴリ」の積み上げ (交わり) になります。

そして、すべての「基本カテゴリ」が該当する「基本カテゴリ」を定義するのに必要かという問題が発生します。

この問題は、次のように厳密に定義されます。

「$F = \{X_1, ..., X_n\}$」を「$X_i \subseteq U$」である「集合」の「族」とします。

「X_i」は、「$\bigcap(F - \{X_i\}) = \bigcap F$」ならば「$F$」で「必須でない」と言い、そうでなければ「必須である」と言います。

族「F」は、すべてのその「補元」が「F」で「必須」なら「独立する」と言い、そうでなければ「依存する」と言います。

族「$H \subseteq F$」は、「H」が「独立」で「$\bigcap H = \bigcap F$」なら、「F」の「リダクト」と言います。

「F」のすべての必須の「集合」の「族」は「F」の「コア」と言い、「$CORE(F)$」で表わされます。

[命題 2.33]

「$RED(F)$」を「F」のすべての「リダクト」の「族」とすると、「$CORE(F) = \bigcap RED(F)$」が成り立ちます。

*

では、Pawlak [161] からの例を紹介します。

3つの「集合」の「族」を「$F = \{X, Y, Z\}$」とします。

それぞれ、

$$X = \{x_1, x_3, x_8\}$$
$$Y = \{x_1, x_3, x_4, x_5, x_6\}$$
$$Z = \{x_1, x_3, x_4, x_6, x_7\}$$

とします。

以下から、「$\bigcap F = X \cap Y \cap Z = \{x_1, x_3\}$」が成り立ちます。

$$\bigcap(F - \{X\}) = Y \cap Z = \{x_1, x_3, x_4, x_6\}$$
$$\bigcap(F - \{Y\}) = X \cap Z = \{x_1, x_3\}$$
$$\bigcap(F - \{Z\}) = X \cap Y = \{x_1, x_3\}$$

したがって、集合「Y」「Z」は族「F」で「必須」ではなく、「F」は「独立」です。

集合「X」は「F」の「コア」になります。

族「$\{X, Y\}$」「$\{X, Z\}$」は「F」の「リダクト」、「$\{X, Y\} \cap \{X, Z\} = \{X\}$」は「$F$」の「コア」になります。

いくつかの「カテゴリ」の「和」である「カテゴリ」から余剰な「カテゴリ」を除去する方法も必要になります。

この問題は、「交わり」の代わりに「和」を持ち得る点を除き、上記と同様に形式化されます。

「$F = \{X_1, ..., X_n\}$」を「$X_i \subseteq U$」である「集合」の「族」とします。

「X_i」は、「$\bigcap(F - \{X_i\}) = \bigcup F$」ならば「$F$」で「必須でない」と言い、そうでなければ「必須である」と言います。

族「F」は、すべてのその「要素」が「F」で「必須」なら「独立する」と言い、そうでなければ「依存する」と言います。

族「$H \subseteq F$」は、「H」が「独立」で「$\bigcup H = \bigcup F$」なら、「F」の「リダクト」と言います。

*

では、Pawlak [161] からの例を紹介します。

3つの「集合」の「族」を「$F = \{X, Y, Z, T\}$」とします。

なお、

$$
\begin{aligned}
&X = \{x_1, x_3, x_8\} \\
&Y = \{x_1, x_2, x_4, x_5, x_6\} \\
&Z = \{x_1, x_3, x_4, x_6, x_7\} \\
&T = \{x_1, x_2, x_5, x_7\}
\end{aligned}
$$

とします。

明らかに、「$\bigcup F = X \cup Y \cup Z \cup T = \{x_1, x_2, x_3, x_4, x_5, x_6, x_7, x_8\}$」が成り立ちます。

なぜなら、以下が成り立つからです。

$$
\begin{aligned}
&\bigcup(F - \{X\}) = \bigcup\{Y, Z, T\} \\
&= \{x_1, x_2, x_3, x_4, x_5, x_6, x_7\} \neq \bigcup F \\
&\bigcup(F - \{Y\}) = \bigcup\{X, Z, T\} \\
&= \{x_1, x_2, x_3, x_4, x_5, x_6, x_7, x_8\} = \bigcup F \\
&\bigcup(F - \{Z\}) = \bigcup\{X, Y, T\} \\
&= \{x_1, x_2, x_3, x_4, x_5, x_6, x_7, x_8\} = \bigcup F \\
&\bigcup(F - \{T\}) = \bigcup\{X, Y, Z\} \\
&= \{x_1, x_2, x_3, x_4, x_5, x_6, x_7, x_8\} = \bigcup F
\end{aligned}
$$

ここで、族「F」で唯一の必須の「集合」は集合「X」になり、残りの集合「Y, Z, T」は「F」で必須ではありません。

したがって、集合「$\{X, Y, Z\}, \{X, Y, T\}, \{X, Z, T\}$」は「$F$」の「リダクト」になります。

これは、「X, Y, Z, T」の「和」である概念「$\bigcup F = X \cup Y \cup Z \cup T$」は簡略化でき、より少数の「概念」の「和」で記述できる、ことを意味します。

では、「カテゴリ」の相対的な「リダクト」と「コア」について説明します。

「$F = \{X_1, ..., X_n\}, X_i \subseteq U$」、部分集合「$Y \subseteq U$」は「$\bigcap F \subseteq Y$」を満足する、と仮定します。

「X_i」は、「$\bigcap(F - \{X_i\}) \subseteq Y$」ならば 「$\bigcap F$」で「**$Y$-必須でない**」と言い、そうでなければ「$\bigcap F$」で「**$Y$-必須である**」と言います。

族「F」は、すべてのその「補元」が「$\bigcap F$」で「Y-必須」ならば「$\bigcap F$」で「**Y-独立である**」と言い、そうでなければ「**Y-独立でない**」と言います。

族「$H \subseteq F$」は、「H」が「$\bigcap F$」で「Y-独立」ならば、「$\bigcap F$」の「**Y-リダクト**」と言います。

「$\bigcap F$」のすべての「Y-必須」の「集合」の「族」は。

「F」の「**Y-コア**」と言い、「$CORE_F(F)$」で表わします。

なお、「Y-リダクト」(「Y-コア」) は、「Y」についての相対的な「リダクト」(「コア」) とも言います。

> **[命題 2.34]**
>
> 「$RED_Y(F)$」をすべての「F」の「Y-リダクト」の「族」とすると、「$CORE_Y(F) = \bigcap RED_Y(F)$」が成り立つ。

よって、余剰の「基本カテゴリ」は「基本カテゴリ」から「同値関係」の場合と同様に除去できます。

*

以上のように、「知識」の「縮約」は余剰な部分 (「同値関係」) を除去することになります。

そして、「縮約」を行なうには、「リダクト」と「コア」の概念が重要な役割を果たします。

2.7 知識表現

本節では、**「知識表現システム」**(knowledge representation (KR) system) を解説しますが、これは「形式言語」と見なされます。

「知識表現システム」は「データ・テーブル」として記述されますが、実際の応用には重要となります。

「知識表現システム」は、対「$S = (U, A)$」で定義されます。

ここで、「U」は空(くう)でない有限集合で、**「領域」**(universe) と言います。

また、「A」は**「基本属性」**(primitive attribute) の空(くう)でない有限集合になります。

なお、すべての基本属性「$a \in A$」は全域関数「$a : U \to V_a$」になります 。

ここで、「V_a」は「a」の値の「集合」で、「a」の「ドメイン」(domain) と言います。

すべての「属性」の部分集合「$B \subseteq A$」について、二項関係「$IND(B$を付随します。

これは、「**識別不能関係**」(indiscernibility relation) と言い、次のように定義されます。

$IND(B) = \{(x, y) \in U^2 \mid$ すべての「$a \in B$」について「$a(x) = a(y)$」$\}$

明らかに、「$IND(B)$」は「同値関係」になり、次の関係を満足します。

$$IND(B) = \bigcap_{a \in B} IND(a)$$

「A」のすべての部分集合「$B \subseteq A$」は、「**属性**」(attribute) と言います。

「B」が「シングルトン」ならば「B」は「基本的」と言い、そうでなければ「合成的」と言います[2]。

属性「B」は、関係「$IND(B)$」の名前と見なすことができます。

すなわち、同値関係「$IND(B)$」で表現される「知識」の名前になります。

したがって、知識表現システム「$S = (U, A)$」は知識ベース「$K = (U, \mathbf{R})$」の記述と見なせます。

[2]「シングルトン」とは、単一の「要素」から構成される「集合」です。

ここで、「知識ベース」のそれぞれの「同値関係」は「属性」で記述され、それぞれの「関係」の「同値類」は「属性値」で記述されます。

なお、「知識ベース」と「知識表現システム」には、「一対一」の対応がある、ことに注意してください。

これをチェックするには、任意の知識ベース「$L = (U, \mathbf{R})$」に知識表現システム「$S = (U, A)$」を次のように割り当てれば充分です。

「$R \in \mathbf{R}$」「$U/R = \{X_1, ..., X_k\}$」ならば、「属性」の集合「A」に「$V_{a_R} = \{1, ..., k\}$」「$a_R(x) = i$」であるすべての属性「$a_R : U \to V_{a_R}$」を割り当てることと、「$x \in X$」(「$i = 1, .., k$」) は「同値」になります。

よって、「知識ベース」のすべての概念は「知識表現システム」の概念で表現できます。

では、次の「知識表現システム」を見てみましょう (Pawlak [161] 参照)。
ここで、領域「U」は番号付け「1, 2, 3, 4, 5, 6, 7, 8」された 8 個の「要素」からなり、「属性」の「集合」は「$A = \{a, b, c, d, e\}$」とし、「$V = V_a = V_b = V_c = V_d = V_e = \{0, 1, 2\}$」とします。

U	a	b	c	d	e
1	1	0	2	2	0
2	0	1	1	1	2
3	2	0	0	1	1
4	1	1	0	2	2
5	1	0	2	0	1
6	2	2	0	1	1
7	2	1	1	1	2
8	0	1	1	0	1

表 2.4　KR-システム 3

表 2.4 では、「U」の要素「1, 4, 5」は属性「a」では「識別不能」で、要素「2, 7, 8」は属性「$\{b, c\}$」では「識別不能」で、要素「2, 7」は属性「$\{d, e\}$」では「識別不能」になります。

この「システム」の「属性」によって生成される「分割」は、次のようになります。

$$U/IND\{a\} = \{\{2,8\},\{1,4,5\},\{3,6,7\}\}$$
$$U/IND\{b\} = \{\{1,3,5\},\{2,4,7,8\},\{6\}\}$$
$$U/IND\{c,d\} = \{\{1\},\{3,6\},\{2,7\},\{4\},\{5\},\{8\}\}$$
$$U/IND\{a,b,c\} = \{\{1,5\},\{2,8\},\{3\},\{4\},\{6\},\{7\}\}$$

たとえば、「属性」の集合「$C = \{a, b, c\}$」と「領域」の部分集合「$X = \{1,2,3,4,5\}$」について、「$\underline{C}X = \{1,2,3,4,5\}$」「$\overline{C}X = \{1,2,3,4,5,8\}$」「$BN_C(X) = \{2,8\}$」が成り立ちます。

よって、集合「X」は属性「C」について「ラフ」です。

すなわち、「属性」の集合「C」を用い、要素「2,8」が「X」の要素かを決定できません。

他の「領域」では、「属性」の集合「C」を用いた「要素」の「分類」は可能です。

「属性」の集合「$C = \{a,b,c\}$」は、「依存的」になります。

属性「a」「b」は「必須」ですが、属性「c」は「余剰」です。

ここで、依存性「$\{a,b\} \Rightarrow \{c\}$」が成り立ちます。

「$IND\{a,b\}$」にはブロック「$\{1,5\},\{2,8\},\{3\},\{4\},\{6\},\{7\}$」が、「$IND\{c\}$」にはブロック「$\{1,5\},\{2,7,8\},\{3,4,6\}$」があるので、「$IND\{a,b\} \subset IND\{c\}$」になります。

*

次に、**表 2.4** で属性「$C = \{a,b,c\}$」から属性「$D = \{d,e\}$」の「依存度」を計算します。

区分「$U/IND(C)$」はブロック「$X_1 = \{1\}, X_2 = \{2, 7\}, X_3 = \{3, 6\}, X_4 = \{4\}, X_5 = \{5, 8\}$」から構成されます。

また、区分「$U/IND(D)$」はブロック「$Y_1 = \{1, 5\}, Y_2 = \{2, 8\}, Y_3$ $\{3\}, Y_4 = \{4\}, Y_5 = \{6\}, Y_6 = \{7\}$」から構成されます。

「$\underline{C}X_1 = \emptyset$」「$\underline{C}X_2 = Y_6$」「$\underline{C}X_3 = Y_3 \cup Y_5$」「$\underline{C}X_4 = Y_4$」「$\underline{C}X_5 = \emptyset$」なので、「$POS(D) = Y_3 \cup Y_4 \cup Y_5 \cup Y_6 = \{3, 4, 6, 7\}$」を得ます。

すなわち、「属性」の集合「$C = \{a, b, c\}$」を用い、これらの要素のみを区分「$U/IND(D)$」のブロックに区分できます。

したがって、「C」と「D」の「依存度」は「$\gamma_C(D) = 4/8 = 0.5$」になります。

属性「C」の「集合」は「D-独立」で、属性「a」は「D-必須」です。

これは、「C」の「D-コア」が 属性集合「$\{a\}$」であることを意味します。

したがって、このテーブルには、依存性「$\{a, b\} \Rightarrow \{d, e\}$」「$\{a, c\} \Rightarrow \{d, e\}$」があります。

「属性」について話すとき、該当する問題の分析で重要性は変わるかもしれません。

特定の「属性」(または「属性」のグループ) の意義を見つけるには、「テーブル」からその「属性」を除去し、それなしに「分類」がいかに変わるかを見る、ことは合理的と思われます。

「属性」の除去が大きく「分類」を変えるならば、その意義は低くなる、すなわち、別のケースで高くなることを意味します。

この考え方は、「正領域」の概念を用い厳密にできます。

「属性」の集合「C」での「分類」について、「属性」の部分集合「$B' \subseteq B$」の意義の度合として、「差」、

$$\gamma_B(C) - \gamma_{B-B'}(C)$$

は、ある「属性」(部分集合「B'」) を集合「B」から除去するならば、属性「B」によって「オブジェクト」を分類するとき、分類「$U/IND(C)$」の「正領域」がいかに影響するかを表わしています。

では、**表 2.4** の「属性」の集合「$\{d, e\}$」についての属性「a, b, c」の意義を計算してみましょう。

※なお、「$POS_C(D) = \{3, 4, 6, 7\}$」「$C = \{a, b, c\}$」「$D = \{d, e\}$」になります。

$$U/IND\{b,c\} = \{\{1,5\},\{2,7,8\},\{3\},\{4\},\{6\}\}$$
$$U/IND\{a,c\} = \{\{1,5\},\{2,8\},\{3,6\},\{4\},\{7\}\}$$
$$U/IND\{a,b\} = \{\{1,5\},\{2,8\},\{3\},\{4\},\{6\},\{7\}\}$$
$$U/IND\{d,e\} = \{\{1\},\{2,7\},\{3,6\},\{4\},\{5,8\}\}$$

なので、以下が成り立ちます。

$$POS_{C-\{a\}}(D) = \{3,4,6\}$$
$$POS_{C-\{b\}}(D) = \{3,4,6,7\}$$
$$POS_{C-\{c\}}(D) = \{3,4,6,7\}$$

したがって、対応する意義の度合は、

$$\gamma_{C-\{a\}}(D) = 0.125,$$
$$\gamma_{C-\{b\}}(D) = 0,$$
$$\gamma_{C-\{c\}}(D) = 0.$$

になるので、属性「a」がもっとも意義があります。

なぜなら、「$U/IND(D)$」の「正領域」をもっとも変えるからです。

実際、属性「a」なしには、オブジェクト「7」を「$U/IND(D)$」の「クラス」に分類できません。

属性「a」は「D-必須」になりますが、属性「b」「c」は「D-必須」ではありません。

したがって、属性「a」は「D」について「C」の「コア」(「C」の「D-コア」) になり、属性「$\{a,b\}$」「$\{a,c\}$」は「D」について「C」の「リダクト」(「C」の「D-リダクト」) になります。

*

「知識表現システム」はテーブルを用い表現できますが、**第 4 章（第 2 巻に収録）** で解説するように、「様相論理」の枠組みでも形式化できます。

テーブルの概念が大きな役割を果たす点で、いくつかの類似性が「知識表現システム」と「**リレーショナル・データベース**」(relational databases, 関係データベース) の間に見られます (Codd [44] 参照)。

しかし、2 つのモデルには本質的な違いがあります。

最も重要なのは、「リレーショナル・モデル」はテーブルに入る情報の意味には関与せず、効率的なデータ構造と操作に焦点があります。

その結果、どのような情報をもつ「オブジェクト」かはテーブルでは表現されません。

他方、「知識表現システム」では、すべての「オブジェクト」は明示的に表現され、「属性値」すなわち「テーブル・エントリー」は「オブジェクト」の特徴または性質としての明示的な意味を付随します。

2.8 デシジョン・テーブル

「デシジョン・テーブル」(decision table) は、重要な「知識表現システム」の「クラス」で、さまざまな形で応用できます。

「$K = (U, A)$」を「知識表現システム」、「$C, D \subset A$」を 2 つの「属性」の「部分集合」、すなわち、「**条件**」(condition) と「**デシジョン**」(decision) を表わす「属性」とします。

特別な「条件」「デシジョン」の「属性」を備える「知識表現システム」は「**デシジョン・テーブル**」と言い、「$T = (U, A, C, D)$」または「DC」で表わします。

関係「$IND(C)$」「$IND(D)$」の「同値クラス」は、それぞれ、「条件」「**デシジョン・クラス**」(decision class) と言います。

すべての「$x \in U$」について、関数「$d_x : A \to V$」を付随します。

※なお、この関数は、すべての「$a \in C \cup D$」について「$d_x(a) = a(x)$」を満足します。

関数「d_x」は (「T」の) 「**デシジョン・ルール**」(decision rule) と言い、「x」はデシジョン・ルール「d_x」の「**ラベル**」(label) と言います。

※なお、「デシジョン・テーブル」の「U」の「要素」は、一般には、実際の「オブジェクト」を表現するものではなく、「デシジョン・ルール」の「識別子」であることに注意してください。

「d_x」が「デシジョン・ルール」ならば「d_x」の「C」への制限は「$d_x \mid C$」と書き、「d_x」の「D」への制限は「$d_x \mid D$」と書き、それぞれ、「d_x」の「**条件**」「**デシジョン**」と言います。

「デシジョン・テーブル」は、そのすべての「デシジョン・ルール」が「無矛盾」ならば「**無矛盾する**」と言い、そうでなければ「矛盾する」と言います。

※なお、「無矛盾」(「矛盾」)は、「決定性」(「非決定性」)として解釈できます。

[命題 2.35]

デシジョン・テーブル「$T = (U, A, C, D)$」が「無矛盾」であることと、「$C \Rightarrow D$」は「同値」になる。

「命題 2.35」から、「デシジョン・テーブル」の「無矛盾性」のチェックの実用的な方法は、単純に「条件」と「デシジョン属性」の「依存度」を計算することになります。

「依存度」が「1」ならば、「テーブル」は「無矛盾」、そうでなければ「矛盾」と結論できます。

[命題 2.36]

デシジョン・テーブル「$T = (U, A, C, D)$」は唯一に 2 つのデシジョン・テーブル「$T_1 = (U, A, C, D)$」「$T_2 = (U, A, C, D)$」に分解できる。

ここで、「T_1」では「$C \Rightarrow_1 D$」、「T_2」では「$C \Rightarrow_0 D$」が成り立ち、「$U_1 = POS_C(D)$」「$U_2 = \bigcup_{X \in U/IND(D)} BN_C(X)$」を満足する。

「命題 2.36」 は、「デシジョン・テーブル」は 2 つの「サブテーブル」に分解できる、ことを示しています。

なお、1 つは「依存度」が「0」の全体的矛盾で、もう 1 つは「依存度」が「1」の全体的無矛盾になります。

しかし、この分解は「依存度」が「0」より大きく「1」と異なる場合のみで可能です。

では、表 **2.5** の「デシジョン・テーブル 1」を考えます (Pawlak [161])

ここで、「a, b, c」は「条件」、「d, e」は「デシジョン属性」とします。

この「テーブル」では、「デシジョン・ルール 1」は矛盾、「デシジョン・ルール 3」は無矛盾になります。

よって、**「命題 2.36」** より、「デシジョン・テーブル 1」は以下の 2 つの「デーブル」に分解されます。

U	a	b	c	d	e
1	1	0	2	2	0
2	0	1	1	1	2
3	2	0	0	1	1
4	1	1	0	2	2
5	1	0	2	0	1
6	2	2	0	1	1
7	2	1	1	1	2
8	0	1	1	0	1

表 2.5　デシジョン・テーブル 1

「デシジョン・テーブル 2」は「無矛盾」ですが、「デシジョン・テーブル 3」は「全体的矛盾」になります。

すなわち、「デシジョン・テーブル 2」のすべての「デシジョン・ルール」は「無矛盾」で、「デシジョン・テーブル 3」のすべての「デシジョン・ルール」は「矛盾」であることを意味します。

「デシジョン・テーブル」の簡略化は、「ソフトウェアエンジニアリング」などの多くの応用に非常に重要になります。

簡略化の例としては、「デシジョン・テーブル」の「条件属性」の「還元」があります。

U	a	b	c	d	e
3	2	0	0	1	1
4	1	1	0	2	2
6	2	2	0	1	1
7	2	1	1	1	2

表 2.6　デシジョン・テーブル 2

U	a	b	c	d	e
1	1	0	2	2	0
2	0	1	1	1	2
5	1	0	2	0	1
8	0	1	1	0	1

表 2.7　デシジョン・テーブル 3

還元された「デシジョン・テーブル」では、同じ「デシジョン」はより少ない「条件」に基づきます。

この種の簡略化は、必須でない「条件」のチェックの必要性を除去します。

パブラックは、「デシジョン・テーブル」の「簡略化」について次のようなステップを提案しています。

(1) 「デシジョン・テーブル」のいくつかの「列」の除去と同じの「条件属性」の「リダクト」の計算
(2) 重複する行の除去
(3) 余剰な「属性値」の除去

よって、上記の方法は、余剰な「条件属性」(列) と重複する「行」を除去し、さらに不適切な「条件属性値」を除去することになります。

上記の手続きで、我々は、「デシジョン」に必須な「条件属性」の値のみを含む"不完全"な「デシジョン・テーブル」を得ます。

「デシジョン・テーブル」の定義によれば、不完全なテーブル「デシジョン・テーブル」ではなく、そのようなテーブルの省略形として扱われます。

単純化のため、「条件属性」の「集合」はすでに還元されている、すなわち、「デシジョン・テーブル」には余剰な「条件属性」はない、と仮定します。

属性「$B \subseteq A$」のすべての「部分集合」について、区分「$U/IND(B)$」を割り当てることができます。

その結果、「条件」と「デシジョン属性」の「集合」は「オブジェクト」の「条件」「デシジョン・クラス」への区分を定義できます。

属性「$B \subseteq A$」のすべての「部分集合」とオブジェクト「x」について、集合「$[x]_B$」を割り当てれますが、これはオブジェクト「X」を含む関係「$IND(B)$」の「同値類」を表わします。

※なお、「$[x]_B$」は「$[x]_{IND(B)}$」の省略形です。

よって、デシジョン・ルール「d_x」の条件属性「C」の任意の「集合」について、集合「$[x]_C = \cap_{a \in C}[x]_a$」を割り当てることができます。

しかし、それぞれの集合「$[x]_a$」は属性値「$a(x)$」によって唯一に決定されます。

「条件属性」の余剰な値を除去するには、同値類「$[x]_C$」からすべての過剰な同値類「$[x]_a$」を除去しなければいけません。

よって、「属性」の余剰な値の除去と対応する「同値類」の除去の問題は同じことになります。

では、以下の「デシジョン・テーブル」を考えます。

U	a	b	c	d	e
1	1	0	0	1	1
2	1	0	0	0	1
3	0	0	0	0	0
4	1	1	0	1	0
5	1	1	0	2	2
6	2	1	0	2	2
7	2	2	2	2	2

表 2.8　デシジョン・テーブル 4

ここで、「a, b, c」は「条件属性」、「e」は「デシジョン属性」を表わします。

唯一の e-必須でない「条件属性」は「c」であることが容易に計算できます。

その結果、「デシジョン・テーブル 4」で列「c」を除去でき、「デシジョン・テーブル 5」が生成されます。

U	a	b	d	e
1	1	0	1	1
2	1	0	0	1
3	0	0	0	0
4	1	1	1	0
5	1	1	2	2
6	2	1	2	2
7	2	2	2	2

表 2.9　デシジョン・テーブル 5

次のステップでは、すべての「デシジョン・ルール」の「条件属性」の余剰の値を還元しなければいけません。

最初に、すべての「デシジョン・ルール」の「条件属性」の「コア値」を計算しなければいけません。

ここで、最初の「デシジョン・ルール」の「条件属性」の「コア値」、すなわち、次の集合の族の「コア」を計算します。

$$\mathbf{F} = \{[1]_a, [1]_b, [1]_d\} = \{\{1,2,4,5\}, \{1,2,3\}, \{1,4\}\}$$

これから、

$$[1]_{\{a,b,d\}} = [1]_a \cap [1]_b \cap [1]_d = \{1,2,4,5\} \cap \{1,2,3\} \cap \{1,4\} = \{1\}.$$

を得ます。

さらに、「$a(1) = 1, b(1) = 0, d(1) = 1$」になります。

必須でない「カテゴリ」を見つけるには、1 つの「カテゴリ」を一度除去し、残りの「カテゴリ」の「交わり」がデシジョンカテゴリ「$[1]_e = \{1,2\}$」に含まれるかをチェックしなければいけません。

すなわち、

$$[1]_b \cap [1]_d = \{1,2,3\} \cap \{1,4\} = \{1\}$$
$$[1]_a \cap [1]_d = \{1,2,4,5\} \cap \{1,4\} = \{1,4\}$$
$$[1]_a \cap [1]_b = \{1,2,4,5\} \cap \{1,2,3\} = \{1,2\}$$

になるので、「コア値」が「$b(1) = 0$」であることを意味します。

同様に、すべての「デシジョン・ルール」の「条件属性」の「コア値」を計算でき、最終的には、「デシジョン・テーブル 6」を得ます。

そして、「値リダクト」を計算できます。

U	a	b	d	e
1	_	0	_	1
2	1	_	_	1
3	0	_	_	0
4	_	1	1	0
5	_	_	2	2
6	_	_	_	2
7	_	_	_	2

表 **2.10**　デシジョン・テーブル **6**

例として、この「デシジョン・テーブル」(デシジョン・テーブル 4) の最初の「デシジョン・ルール」の「値リダクト」を計算します。

族「$\mathbf{F} = \{[1]_a, [1]_b, [1]_d\} = \{\{1,2,4,5\}, \{1,2,3\}, \{1,4\}\}$」の「リダクト」を計算するには、「$\bigcap \mathbf{G} \subseteq [1]_e = \{1,2\}$」になるすべての部分族「$\mathbf{G} \subseteq \mathbf{F}$」を見つけなければいけません。

以下の 4 個の「$\mathbf{F}$」の「部分族」があります。

$$[1]_b \cap [1]_d = \{1,2,3\} \cap \{1,4\} = \{1\}$$
$$[1]_a \cap [1]_d = \{1,2,4,5\} \cap \{1,4\} = \{1,4\}$$
$$[1]_a \cap [1]_b = \{1,2,4,5\} \cap \{1,2,3\} = \{1\}$$

そして、これらの中で次の 2 つが族「$\mathbf{F}$」の「リダクト」になります。

$$[1]_b \cap [1]_d = \{1,2,3\} \cap \{1,4\} = \{1\} \subseteq [1]_e = \{1,2\}$$
$$[1]_a \cap [1]_b = \{1,2,4,5\} \cap \{1,2,3\} = \{1\} \subseteq [1]_e = \{1,2\}$$

よって、2 つの値リダクト「$b(1) = 0, d(1) = 1$」または「$a(1) = 1, b(1) = 0$」を得ます。

このことは、属性「a, b」または属性「d, e」の「属性値」が「デシジョン・クラス 1」の特徴で、「デシジョン・テーブル」の他の「デシジョン・クラス」には現われないことを意味します。

また、属性「b」の値は両者の交わり「$b(1) = 0$」、すなわち、「コア値」になります。

「デシジョン・テーブル 7」では、「デシジョン・テーブル 1」のすべての「デシジョン・ルール」の「値リダクト」が示されています。

「デシジョンンテーブル 7」から、「デシジョン・ルール 1, 2」について、2 つの「条件属性」の「値リダクト」を得ます。

「デシジョン・ルール 3,4,5」には、各々の「デシジョン・ルール」の行の「条件属性」の 1 つのみの「リダクト」を得ます。

残りの「デシジョン・ルール 6,7」には、それぞれ、2 個と 3 個の

「値リダクト」があります。

U	a	b	d	e
1	1	0	×	1
1′	×	0	1	1
2	1	0	×	1
2′	1	×	0	1
3	0	×	×	0
4	×	1	1	0
5	×	×	2	2
6	×	×	2	2
6′	2	×	×	2
7	×	×	2	2
7′	×	2	×	2
7″	2	×	×	2

表 2.11　デシジョン・テーブル 7

よって、「デシジョン・ルール 1, 2」には 2 個の「縮約形」があり、「デシジョン・ルール 3, 4, 5」はそれぞれ 1 個のみの「縮約形」があり、「デシジョン・ルール 6」には 2個の「リダクト」が、「デシジョン・ルール 7」には 3 個の「リダクト」があります。

この問題では、「$4 \times 2 \times 3 = 24$」個の (必ずしも異ならない) 解があります。

そのような解の 1 つは、「デシジョン・テーブル 8」になります。

U	a	b	d	e
1	1	0	×	1
2	1	×	0	1
3	0	×	×	0
4	×	1	1	0
5	×	×	2	2
6	×	×	2	2
7	2	×	×	2

表 2.12 デシジョン・テーブル 8

別の解は、「デシジョン・テーブル 9」になります。

「デシジョン・ルール 1, 2」は同一なので、「デシジョン・ルール 5, 6, 7」もそうなります。

これは「デシジョン・テーブル 10」で示されます。

U	a	b	d	e
1	1	0	×	1
2	1	0	×	1
3	0	×	×	0
4	×	1	1	0
5	×	×	2	2
6	×	×	2	2
7	×	×	2	2

表 2.13　デシジョン・テーブル 9

U	a	b	d	e
1, 2	1	0	×	1
3	0	×	×	0
4	×	1	1	0
5, 6, 7	×	×	2	2

表 2.14　デシジョン・テーブル 10

実際には、「デシジョン・ルール」の列挙は本質的でないので、これらを任意に列挙できます。

そして、最終結果として「デシジョン・テーブル 11」を得ます。

この解は、「**極小**」(minimal) と言います。

U	a	b	d	e
1	1	0	×	1
2	0	×	×	0
3	×	1	1	0
4	×	×	2	2

表 2.15　デシジョン・テーブル 11

ここで示した「デシジョン・テーブル」の簡略化は「意味論的」と言えます。

なぜなら、「テーブル」に含まれる情報の意味を参照しているからです。

別の「デシジョン・テーブル」の簡略化も可能で、これは「統語論的」と言えます。

これは、すでに説明した「デシジョン論理」の枠組みで記述されます。

*

「デシジョン・テーブル」を簡略化するには、「条件属性」の「リダクト」を見つけ、重複する行を除去し、「条件属性」の「値リダクト」を見つけ、再び、必要なら、重複する行を除去するべきです。

この方法は、「デシジョン・テーブル」の簡略化の「アルゴリズム」を構成できます。

※なお、「属性」の「部分集合」は2個以上の「リダクト」(「相対リダクト」)がある可能性があります。

よって、「デシジョン・テーブル」の簡略化は唯一の結果を出しません。

いくつかの「デシジョン・テーブル」は、事前の方針で最適化が可能かもしれません。

*

以上で、「ラフ集合理論」のいくつかの話題の解説を終わります。

パブラックは、「ラフ集合」の他の多くの形式的結果を示し、その利点を議論しています。

ここでは、これらについての解説は、省略します (Pawlak [161] 参照)。

第3章

非古典論理

この章では、「非古典論理」をいくつか概観します。
これらは、明らかに、「ラフ集合理論」の基礎と関連します。
ここでは、「様相論理」「多値論理」「直観主義論理」「パラコンシステント論理」の概要を紹介します。

3.1 様相論理

「非古典論理」(non-classical logic) は、ある点で「古典論理」と異なる「論理」です。

文献では、多くの「非古典論理」の「システム」がありますが、それらのいくつかは、「ラフ集合理論」の基礎と深く関連しています。

＊

2 つのタイプの「非古典論理」があります。

(a) 最初のタイプは、「古典論理」の“拡張”と考えられます。
このタイプは、「古典論理」に新しい特徴を追加します。

たとえば、「様相論理」は「古典論理」に「様相記号」を追加したものです。

(b) もう 1 つのタイプは、「古典論理」の“代替”(またはライバル)と考えられます。
このタイプは、「古典論理」のある特徴を否定します。

たとえば、「古典論理」は、2 つの「真理値」、すなわち、「真」「偽」を用いますが、「多値論理」は 3 個以上の「真理値」に基づきます。

---

*

これら 2 つのタイプの「非古典論理」は、概念的に異なり、それらの使用は応用に依存します。

ある場合には、「古典論理」を用いる場合よりも有望な結果を与えます。

*

以下では、「様相論理」「多値論理」「直観主義論理」「パラコンシステント論理」の概要を紹介します[1]。

*

「様相論理」(modal logic) は、**「内包概念」**(intensional concept) を表現するために「古典論理」を拡張した「論理」です。

「内包概念」は「真」と「偽」の範囲を超えるもので、新しい考え方が必要になりますが、「様相記号」によって実現されます。

*

一般的に、**「□」(必然性)** と **「◇」(可能性)** が **「様相記号」** として用いられます[2]。

式「□A」は『「A」は必然的に「真」である』 と読まれ、**『「◇A」は『「A」が「真」であるのは可能である』** と読まれます。

---

[1]以下の解説では、「古典論理」の基礎概念 (「証明理論」「モデル理論」など) についての知識を前提にしています。

[2]他の記法としては、「必然記号」として「L」「N」など、「可能性記号」として「M」「P」が用いられることもあります。

これらは、「$\Box A \leftrightarrow \neg\Diamond\neg A$」が成り立つという意味で「双対(そうつい)」になります。

「様相記号」を異なる形で読むことで、他のタイプの「内包概念」を記述できる「論理」を得ます。

*

現在、多くの「様相論理」の変種が知られています。

たとえば、「時相論理」「認識論理」「信念論理」「義務論理」「ダイナミック論理」「内包論理」などがあります。

*

では、**「様相論理」**の**「証明理論」**と**「モデル理論」**を説明します。

最小様相論理「K」の「言語」は、**古典命題論理「CPC」**の「言語」に必然性記号「□」を追加したものです。

※なお、「**K**」は「**クリプキ**」(Kripke) に由来します。

様相論理「**K**」の「ヒルベルト・システム」は、以下のように形式化されます。

様相論理 **K**

[公理]

(CPC)「**CPC**」の「公理」

(K) $\Box(A \to B) \to (\Box A \to \Box B)$

[推論規則]

(MP) $\vdash A, \vdash A \to B \Rightarrow \vdash B$

(NEC) $\vdash A \Rightarrow \vdash \Box A$

ここで、「$\vdash A$」は「A」が「**K**」で証明可能であることを意味します。

「**(NEC)**」は、「**必然化**」(necessitation) と言います。

※なお、「証明」の概念は通常的に定義されます。

*

「**正規様相論理**」の「システム」は、「様相」の性質を表わす「公理」を追加することによって得ることができます。

重要な「公理」のいくつかをあげると、次の通りです。

(D) $\Box A \to \Diamond A$
(T) $\Box A \to A$
(B) $A \to \Box\Diamond A$
(4) $\Box A \to \Box\Box A$
(5) $\Diamond A \to \Box\Diamond A$

*

「正規様相論理」の名前は、「公理」の組み合わせで系統的に与えられます。

たとえば、「**K**」に公理「(D)」を追加した拡張は、「KD」になります。

しかし、いくつかの「システム」の名前は、伝統的に、以下のように言います。

D = KD
T = KT
B = KB
S4 = KT4
S5 = KT5

*

1960年代以前の「様相論理」の研究は、その「モデル理論」がなかったため、「証明理論的」に行なわれていました。

「様相論理」の「意味論」はクリプキによって提案され、現在では、**「クリプキ意味論」**(Kripke semantics) と言います (Kripke [101, 102, 103] 参照)。

*

「クリプキ意味論」は、「様相記号」を解釈するために、**「可能世界」**(possible world) を用います。

直観的に言うと、「$\Box A$」の解釈は『「A」はすべての「可能世界」で「真」である』となります。

「可能世界」は、「実世界」と**「到達可能関係」**(accessibility relation) で関連付けされます。

正規様相論理「**K**」の**「クリプキ・モデル」**(Kripke model) は、タップル「$M = \langle W, R, V \rangle$」で定義されます。

ここで、「W」は「可能世界」の「集合」、「R」は「$W \times W$」上の「到達可能関係」、「V」は評価関数「$W \times PV \to \{0, 1\}$」になります。

※なお、「PV」は「命題変数」の「集合」になります。

また、「$F = \langle W, R \rangle$」は**「フレーム」**(frame) と言います。

たとえば、「$M, w \models A$」は、『式「A」はモデル「M」の世界「w」

で真である』ことを意味します。

*

「p」を「命題変数」、「$false$」を「矛盾」とすると、「$\models$」は以下のように定義されます。

$$
\begin{aligned}
&M, w \models p \Leftrightarrow V(w, p) = 1 \\
&M, w \not\models false \\
&M, w \models \neg A \Leftrightarrow M, w \not\models A \\
&M, w \models A \wedge B \Leftrightarrow M, w \models A \text{ かつ } M, w \models B \\
&M, w \models A \vee B \Leftrightarrow M, w \models A \text{ または } M, w \models B \\
&M, w \models A \rightarrow B \Leftrightarrow M, w \models A \ \Rightarrow \ M, w \models B \\
&M, w \models \Box A \Leftrightarrow \forall v(wRv \ \Rightarrow \ M, v \models A) \\
&M, w \models \Diamond A \Leftrightarrow \exists v(wRv \text{ かつ } M, v \models A)
\end{aligned}
$$

ここで、「R」の性質には制限はありません。

すべてのモデル「M」の、すべての世界「w」で「$M, w \models A$」ならば、式「A」は、様相論理「S」で「妥当」(valid) と言い、「$M \models_S A$」と書きます。

最小様相論理「$\mathbf{K}$」は、「完全」であることが知られています。

[定理 3.1]

$\vdash_{\mathbf{K}} A \Leftrightarrow \models_{\mathbf{K}} A$

*

到達可能関係「R」を制限することで、さまざまな「正規様相論理」の「クリプキ・モデル」を得ます。

*

「公理」と「R」の条件の対応は、以下のようになります。

公理	「R」の条件
(K)	条件なし
(D)	$\forall w \exists v(wRv)$: 連続的 (serial)
(T)	$\forall w(wRw)$: 反射的 (reflexive)
(4)	$\forall wvu(wRv$ かつ $vRu \;\Rightarrow\; wRu)$: 推移的 (transitive)
(5)	$\forall wvu(wRv$ かつ $wRu \;\Rightarrow\; vRu)$: ユークリッド的 (euclidean)

たとえば、様相論理「**S4**」の「クリプキ・モデル」の「到達可能性」は、「反射的」かつ「推移的」になります。

なぜなら、公理「(K)(T)(4)」が「**S4**」に必要だからです。

いくつかの「様相論理」の「完全性」の証明の詳細については、Hughes and Cresswell [82] などを参考にしてください。

＊

「様相論理」は、「必然性」「可能性」などの「内包概念」を形式化する「非古典論理」です。

「様相記号」を違った形で読むことで、上記で示したような他のタイプの「様相論理」を得ます。

これらの「論理」は、多くの問題を厳密に扱うことができ、さまざまな応用に非常に重要だと考えられます。

3.2 多値論理

「多値論理」(many-valued logic,multiple-valued logic) は、3 個以上の「真理値」をもつ「論理」です。

すなわち、「多値論理」は、真偽の他の可能性を表現できます。

「多値論理」の考えは、アリストテレス (Aristotle) の「未来偶然性」(futurecontingents) へのアプローチに見られます。

現在、「多値論理」はさまざまな分野を扱うのに広く用いられています。

特に、「3 値論理」「4 値論理」は、応用面で有用です。

また、いわゆる「**ファジー論理**」(fuzzy logic) も、「多値論理」(無限値論理) に分類されます。

■ 3値論理

では、「**3 値論理**」(three-valued logic) から説明します。

*

「3 値論理」の最初の形式的なアプローチは、ルカーシェビッチ (Łukasiewicz) によるものです (Łukasiewicz [117])。

彼のシステム「$\mathbf{L_3}$」は. 現在、**ルカーシェビッチの「3 値論理」**として知られ、3 番目の「真理値」は、「不定」または「可能」と読まれます。

ルカーシェビッチは、「未来偶然命題」は「真」でも「偽」でもない 3 番目の真理値「I」をとる、と考えました。

しかし、現在では、彼の解釈は議論の余地があると評価されています。

「$\mathbf{L}_3$」の「言語」は、「連言」($\wedge$)、「選言」($\vee$)、「含意」($\rightarrow_L$)、「否定」($\sim$) から構成されます。

*

「多値論理」の「意味論」は、通常、「真理値表」を用いて与えられます。

「$\mathbf{L}_3$」の「真理値表」は、以下のようになります。

表 3.1　「$\mathbf{L_3}$」の真理値表

A	$\sim A$
T	F
I	I
F	T

A	B	$A \wedge B$	$A \vee B$	$A \rightarrow_L B$
T	T	T	T	T
T	F	F	T	F
T	I	I	T	I
F	T	F	F	T
F	F	F	F	T
F	I	F	I	T
I	T	I	T	T
I	F	F	I	I
I	I	I	I	T

ここで、「古典論理」の重要な原理である、排中律「$A \vee \sim A$」と非矛盾率「$\sim (A \wedge \sim A)$」が成立しない、ことに注意してください。

実際、これらの「真理値」は「I」になります。

*

「$\mathbf{L}_3$」の「ヒルベルト・システム」は、以下のようになります。

ルカーシェビッチの 3 値論理「$\mathbf{L}_3$」

[公理]

(L1) $A \to (B \to A)$

(L2) $(A \to B) \to ((B \to C) \to (A \to C))$

(L3) $((A \to \sim A) \to A) \to A$

(L4) $(\sim A \to \sim B) \to (B \to A)$

[推論規則]

(MP) $\vdash A, \vdash A \to B \Rightarrow \vdash B$

ここで、「$\wedge$」「$\vee$」は、「$\sim$」「$\to_L$」を用いて、それぞれ、次のように定義されます。

$$A \vee B =_{\mathrm{def}} (A \to B) \to B$$
$$A \wedge B =_{\mathrm{def}} \sim (\sim A \vee \sim B)$$

*

クリーニ (Kleene) も、「帰納関数」との関連で、 3 値論理「$\mathbf{K_3}$」を提案しています (Kleene [92] 参照)。

「$\mathbf{K_3}$」は、含意「$\to_K$」の解釈が「$\mathbf{L}_3$」と異なります。

「$\mathbf{K_3}$」の「真理値表」は、表 **3.2** になります。

表 **3.2**　「$\mathbf{K_3}$」の真理値表

A	$\sim A$
T	F
I	I
F	T

A	B	$A \wedge B$	$A \vee B$	$A \rightarrow_K B$
T	T	T	T	T
T	F	F	T	F
T	I	I	T	I
F	T	F	F	T
F	F	F	F	T
F	I	F	I	T
I	T	I	T	T
I	F	F	I	I
I	I	I	I	I

「$\mathbf{K_3}$」では、3 番目の「真理値」の解釈は、「未定義」になります。したがって、「$\mathbf{K_3}$」は「プログラムの理論」に応用できます。

「$\mathbf{K_3}$」には「トートロジー」がないので、「ヒルベルト・システム」を示すことはできません。

「$\mathbf{K_3}$」は、しばしば、文献では、「**クリーニの強 3 値論理**」とも言います。

また、「真理値」が「I」である構成要素を含む「式」の「真理値」が「I」になる「**クリーニの弱 3 値論理**」も知られており、これは**ボフバール (Bochvar) の「3 値論理」**と同じです。

■ 4値論理

「**4 値論理**」(four-valued logic) は、「不完全情報」と「矛盾情報」を扱わなければいけないコンピュータの「論理」に適しています。

*

ベルナップ (Belnap) は、コンピュータの内部状態を形式化できる「4 値論理」を導入しました (Belnap [35, 36] 参照)。

コンピュータへの入力 (「命題」) を認識するには、4 種類の状態、すなわち、「$(True), (False), (None), (Both)$」があります。

※なお、これを省略して、「$(T), (F), (N), (B)$」と書くことにします。

*

4 種類の状態をベースに、コンピュータは適切な出力を計算できます。

(T) 「命題」は「真」である。

(F) 「命題」は「偽」である。

(N) 「命題」は「真」でも「偽」でもない。

(B) 「命題」は「真」かつ「偽」である。

ここで、「(N)」は「不完全性」を、「(B)」は「矛盾」を表現します。

したがって、「4 値論理」は「3 値論理」の自然な拡張と見なせます。

実際、ベルナップの「4 値論理」は、不完全情報 (N) と矛盾情報の両方をモデル化できます。

ベルナップは、2 種類の 4 値論理「**A4**」「**L4**」を提案しています。

前者は「原子式」のみを扱えますが、後者は「合成式」も扱えます。

＊

「**A4**」は、図 **3.1** で示される「近似束」(approximation lattice) に基づきます。

$$\begin{array}{ccc} & B & \\ / & & \backslash \\ T & \mathbf{A4} & F \\ \backslash & & / \\ & N & \end{array}$$

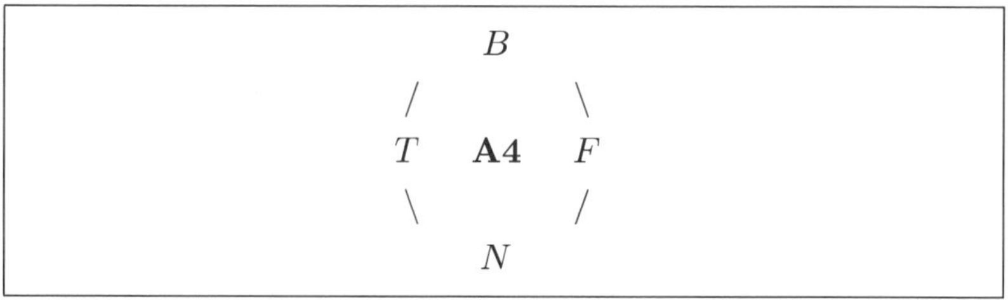

図 **3.1**　近似束

ここで、「B」は順序「$\leq$」について「最小上界」に、「N」は「最大下界」になります。

「**L4**」は、図 **3.2** で示される「論理束」(logical lattice) に基づきます。

「**L4**」は、論理記号「$\sim, \wedge, \vee$」をもち、「真理値」の集合「$\mathbf{4} = \{T, F, N, B\}$」に基づきます。

「**L4**」の特徴の 1 つは、「論理記号」の「単調性」になります。

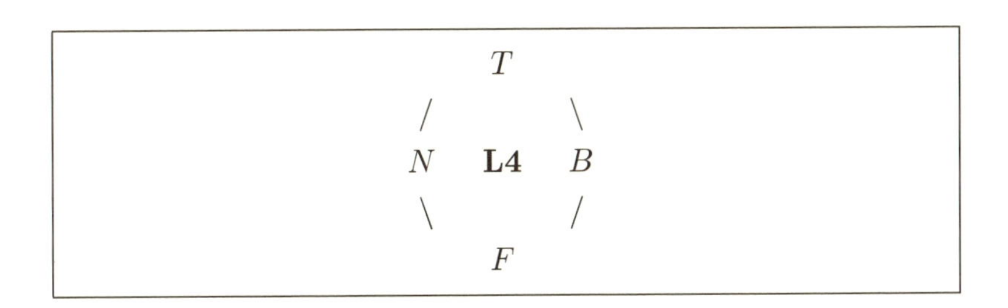

図 3.2　論理束

「f」を「論理操作」とすると、「f」が「単調」であることと、「$a \subseteq b \Rightarrow f(a) \subseteq f(b)$」は「同値」になります。

※なお、「連言」「選言」の「単調性」を保証するには、以下の条件を満足しなければいけません。

$$a \wedge b = a \Leftrightarrow a \vee b = b$$
$$a \wedge b = b \Leftrightarrow a \vee b = a$$

「**L4**」の「真理値表」は、表 **3.3** のようになります。

表 3.3　L4 の真理値表

	N	F	T	B
$\sim$	B	T	F	N

$\wedge$	N	F	T	B
N	N	F	N	F
F	F	F	F	F
T	N	F	T	B
B	F	F	B	B

$\vee$	N	F	T	B
N	N	N	T	T
F	N	F	T	B
T	T	T	T	T
B	T	B	T	B

＊

ベルナップは、上記の「論理記号」がある「言語」の「意味論」を与えています。

「**セットアップ**」(setup) は、「原子式」の集合、「$Atom$」から「**4**」への「写像」です。

そうすると、「**L4**」の「式」の意味は、以下のように定義されます。

$$s(A \wedge B) = s(A) \wedge s(B)$$
$$s(A \vee B) = s(A) \vee s(B)$$
$$s(\sim A) = \sim s(A)$$

＊

さらに、ベルナップは、含意関係「→」を、次のように定義しています。

すべてのセットアップ「s」について、

$$A \to B \Leftrightarrow s(A) \leq s(B)$$

とします。

含意関係「→」は、以下のように公理化できます。

$(A_1 \wedge ... \wedge A_m) \to (B_1 \vee ... \vee B_n)$ （「A_i」はある「B_j」を共有）

$(A \vee B) \to C \leftrightarrow (A \to C)$ かつ $(B \to C)$

$A \to B \Leftrightarrow \sim B \to \sim A$

$A \vee B \leftrightarrow B \vee A,\ A \wedge B \leftrightarrow B \wedge A$

$A \vee (B \vee C) \leftrightarrow (A \vee B) \vee C$

$A \wedge (B \wedge C) \leftrightarrow (A \wedge B) \wedge C$

$A \wedge (B \vee C) \leftrightarrow (A \wedge B) \vee (A \wedge C)$

$A \vee (B \wedge C) \leftrightarrow (A \vee B) \wedge (A \vee C)$

$(B \vee C) \wedge A \leftrightarrow (B \wedge A) \vee (C \wedge A)$

$(B \wedge C) \vee A \leftrightarrow (B \vee A) \wedge (C \vee A)$

$\sim\sim A \leftrightarrow A$

$\sim (A \wedge B) \leftrightarrow \sim A \vee \sim B,\ \sim (A \vee B) \leftrightarrow \sim A \wedge \sim B$

$A \to B, B \to C \Leftrightarrow A \to C$

$A \leftrightarrow B, B \leftrightarrow C \Leftrightarrow A \leftrightarrow C$

$A \to B \Leftrightarrow A \leftrightarrow (A \wedge B) \Leftrightarrow (A \vee B) \leftrightarrow B$

この「公理化」では、「$(A \wedge \sim A) \to B$」および「$A \to (B \vee \sim B)$」は導かれないことに注意してください。

※なお、上記で与えられた「論理」は、いわゆる「適正論理」と密接に関連します。

実際、これは「恒真含意」の「システム」と同じになります。

■ 無限値論理

「無限値論理」(infinite-valued logic) は、「$[0,1]$」の無限個の「真理値」をもつ「多値論理」です。

※なお、「ファジー論理」(fuzzy logic) および「確率論理」(probabilistic logic) も「無限値論理」に区分されます。

＊

ルカーシェビッチは、無限値論理「$\mathbf{L}_\infty$」を 1930 年に提案しています (Lukasiewicz [118] 参照)。

その「真理値表」は、以下のマトリックスによって生成されます。

$$
\begin{aligned}
|\sim A| &= 1-|A| \\
|A \vee B| &= \max(|A|,|B|) \\
|A \wedge B| &= \min(|A|,|B|) \\
|A \rightarrow B| &= 1 \quad && (|A| \leq |B|) \\
&= 1-|A|+|B| \quad && (|A| > |B|)
\end{aligned}
$$

「$\mathbf{L}_\infty$」の「ヒルベルト・システム」は、以下の通りです。

ルカーシェビッチの無限値論理「$\mathbf{L}_\infty$」

[公理]
(IL1) $A \rightarrow (B \rightarrow A)$
(IL2) $(A \rightarrow B) \rightarrow ((B \rightarrow C) \rightarrow (A \rightarrow C))$
(IL3) $((A \rightarrow B) \rightarrow B) \rightarrow ((B \rightarrow A) \rightarrow A)$

(IL4) $(\sim A \to \sim B) \to (B \to A)$
(IL5) $((A \to B) \to (B \to A)) \to (B \to A)$

[推論規則]
(MP) $\vdash A, \vdash A \to B \Rightarrow \vdash B$

※なお、「(IL5)」は他の「公理」から導かれるので、除去しても構いません。

「$\mathbf{L}_\infty$」はザデーの「ファジー集合」に基づく「ファジー論理」の基礎であることが知られています (Zadeh [194] 参照)。

「ファジー論理」は、あいまい性の「論理」で、多くの応用があります。

1990 年代以降、「ファジー論理」の基礎の重要な研究が行なわれました。

■二重束論理

フィッティング (Fitting [66, 67]) は、2 種類の「順序」をもつ束「**4**」である「二重束」(bilattice) を「論理プログラム」の「意味論」との関連で研究しています。

*

「二重束」では、非標準的な「論理記号」が導入できます。

「プレ二重束」(pre-bilattice) は、構造「$\mathcal{B} = \langle B, \leq_t, \leq_k \rangle$」です。

ただし、「B」は空(くう)でない「集合」を、「$\leq_t$」「$\leq_k$」は「B」上の「半順序」を表わします。

順序「$\leq_k$」は、「情報」(または「知識」) の「度合」のランクと考えられます。

「$\leq_k$」 の「最小要素」は「$\perp$」、「最大要素」は「$\top$」と書きます。

「$x <_k y$」ならば、「y」は少なくとも「x」より多くの「情報」を与えます。

順序「$\leq_t$」は「真理」の「度合」のランクと考えられます。

「$\leq_t$」の「最小要素」は「$false$」(「f」)、「最大要素」は「$true$」(「t」) と書きます。

「二重束」は、2 つの「順序」についてのいくつかの仮定を追加することによって得られます。

もっとも有名な「二重束」の 1 つは、図 **3.3** の「$FOUR$」で、ベルナップの束「**A4**」「**L4**」の組み合わせと解釈できます。
二重束「$FOUR$」は、 ベルナップ 2 つの「順序」によって「**L4**」

「**A4**」を融合したものと解釈できます。

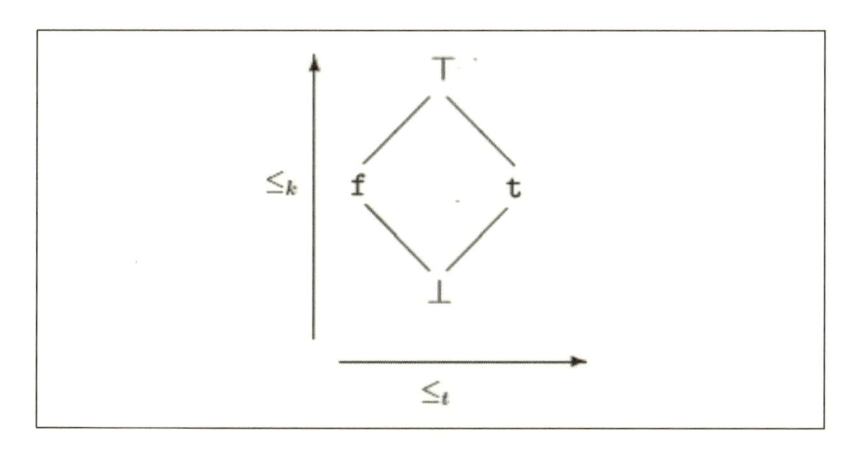

図 **3.3**　二重束 *FOUR*

図 **3.3** で、左右の方向は順序「$\leq_t$」を表わし、右への移動は「真理」の増加になります。

*

「$\leq_t$」における「交わり」(meet,「∧」) を定義できます。

すなわち、「$x \wedge y$」は、「x」「y」の両方の左のもっとも右になります。

同様に、「交わり」の双対として「結合」(join, 「∨」) も定義できます。

*

また、上下の方向は順序「$\leq_k$」を表わし、上への移動は「情報」

の増加になります。

＊

「$x \otimes y$」は「x」「y」の両方の下のもっとも上になります。

同様に、「$\otimes$」の双対（そうつい）として「$\oplus$」も定義できます。

＊

フィッティング (Fitting [65]) は、「二重束」を用いて「論理プログラミング」の「意味論」を与えています。

キーファーとサブラマニアン (Kifer andSubrahmanian [91]) は、フィッティングの「意味論」を一般注釈付き論理「GAL」で解釈しています。

フィッティング (Fitting [66]) は、クリプキ (Kripke [105]) の「真理理論」(theory of truth) の一般化を試みています。

クリプキの「真理理論」はクリーニの「強 3 値論理」に基づいていますが、フィッティングは二重束「$FOUR$」を利用した 4 値の枠組みに拡張しています。

＊

「二重束」には、「真理」についての否定「$\neg$」があります。

「$\leq_t$」を反転する写像「$\neg$」があれば、「$\leq_k$」はそのままで「$\neg\neg x = x$」を満足します。

＊

同様に、「二重束」には「**コンフレーション**」(conflation) という「情報」についての否定「$-$」もあります。

「$\leq_k$」を反転する写像「$-$」があれば、「$\leq_t$」はそのままで「$--x = x$」を満足します。

「二重束」がこれら 2 つの「否定」をもち、すべての「x」について「$-\neg x = \neg - x$」ならば、これらは「交換的」になります。

「$FOUR$」では、「$\neg t = f, \neg f = t, \neg \bot = \bot, \neg \top = \top$」が成り立ちます。

*

また、「コンフレーション」については、「$-\bot = \top, -\top = \bot, -t = t, -f = f$」が成り立ちます。

さらに、「否定」と「コンフレーション」は交換します。

任意の「二重束」で「否定」または「コンフレーション」が存在すれば、要素「$\bot, \top, f, t$」は「$FOUR$」におけるようになります。

*

「二重束論理」は、いくつかの代数的構成ができるという点で理論的に有望で、不完全かつ矛盾する情報の推論に適しています。

*

アリエリとアブロン (Arieli and Avron [22, 23]) は、「二重束」における推論を研究しています。

「二重束論理」は AI や哲学に多くの応用がある、と考えられます。

3.3 直観主義論理

「直観主義論理」(intuitionistic logic) は、「排中律」、すなわち、「$A \vee \neg A$」を認めない、という点で、「古典論理」のライバルです。

「直観主義論理」は、ブロウウェル (Brouwer) の「**直観主義**」(intuitionism) という数学の哲学の「論理」です。.

*

ブロウウェルは、数学的推論は心的活動に基づくべき、と主張しています。

ブロウウェルの哲学に基づき、ハイティング (Heyting) は「ヒルベルト・システム」の公理化によって「直観主義論理」を形式化しました (Heyting [78] 参照)。

*

直観主義論理「**Int**」の「ヒルベルト・システム」は、以下のようになります。

直観主義論理「**Int**」

[公理]
(INT1) $A \to A$
(INT2) $A \to (B \to A)$
(INT3) $A \to (A \to B)) \to (A \to B)$
(INT4) $(A \to (B \to C)) \to (B \to (A \to C))$
(INT5) $(A \to B) \to ((B \to C) \to (A \to C))$

(INT6) $(A \wedge B) \to A$
(INT7) $(A \wedge B) \to B$
(INT8) $(A \to B) \to ((A \to C) \to (A \to (B \wedge C)))$
(INT9) $A \to (A \vee B)$
(INT10) $B \to (A \vee B)$
(INT11) $(A \to C) \to ((B \to C) \to ((A \vee B) \to C))$
(INT12) $(A \to B) \to (A \to \neg B) \to \neg A)$
(INT13) $\neg A \to (A \to B)$

[推論規則]
(MP) $\vdash A, \vdash A \to B \Rightarrow \vdash B$

ここで用いられる「論理記号」は、「古典論理」と同じになります。

「古典論理」と同様に、直観主義否定「$\neg A$」は「$A \to false$」で定義されます。

「$\vdash_{\mathbf{INT}}$」は、「証明可能性」を表わします。

*

「排中律」(LEM: law of excluded middle) または「二重否定の法則」(LDN: law of double negation) を「**INT**」に追加すると、古典論理「**CPC**」を得ます。

(LEM) $A \vee \neg A$
(LDN) $\neg\neg A \to A$

「直観主義論理」の「意味論」も、真理関数的ではありません。

*

クリプキは、1965 年に、直観主義論理「**INT**」の「意味論」を提案しています (Kripke [104], Fitting [67] 参照)。

「**Int**」の「クリプキ意味論」は、「**INT**」が「**S4**」に埋め込めるという関連で、「**S4**」の「クリプキ意味論」と類似しています。

「**Int**」の「**クリプキ・モデル**」(Kripke model) は、タップル「$M = \langle W, R, V \rangle$」として定義されます。

以下のようになります。

(1) 「W」は「可能世界」の「集合」である。

(2) 「R」は「W」上の反射的かつ推移的な「二項関係」である。

(3) 「V」は「評価関数」で、すべての命題変数「p」から「W」の「部分集合」への「写像」であり、「$\forall w^*(w \in V(p) \;\Rightarrow\; w^* \in V(p))$」を満足する。

ここで「$\forall w^*$」は、「wRw^*」であるすべての「$w^* \in W$」を表わしています。

*

任意の命題変数「p」と「$w \in W$」について、「**強制関係**」(forcing relation)「$\models$」を、次のように定義します。

$$w \models p \Leftrightarrow \ w \in V(p)$$

ここで、「$w \models p$」は、『式「p」は世界「w」で「真」である』と読まれます。

*

「$\models$」は、任意の式「A, B」について拡張できます。

$$w \not\models false$$
$$w \models \neg A \ \Leftrightarrow \ \forall w^*(w^* \not\models A)$$
$$w \models A \wedge B \ \Leftrightarrow \ w \models A \text{ かつ } w \models B$$
$$w \models A \vee B \ \Leftrightarrow \ w \models A \text{ または } w \models B$$
$$w \models A \to B \ \Leftrightarrow \ \forall w^*(w^* \models A \ \Rightarrow \ w^* \models B)$$

式「A」が「**妥当**」であるのは、すべての世界「w」とモデル「M」で「$w \models A$」であるときで、「$\models_{\mathbf{INT}} A$」と書きます。

「V」の単調性は任意の式について成り立つことに注意してください。

INT」の「クリプキ・モデル」の顕著な特徴は、「含意」「否定」が内包的に解釈されることです。

*

以下のように、「**INT**」の「完全性」が成り立ちます。

[定理 **3.2**]

$\vdash_{\mathbf{INT}} A \Leftrightarrow \models_{\mathbf{INT}} A$

「**INT**」の「代数的意味論」は、「ハイティング代数」によって与えられます。

「直観主義論理」の詳細については、Fitting [65] を参照してください。

*

「直観主義論理」は、主に「論理学」の分野で研究されてきましたが、近年、「コンピュータ・サイエンス」でも注目されています。

「直観主義論理」およびその拡張である「**中間論理**」(intermediate logic) は、「ラフ集合理論」、特に、「ラフ集合論理」の理論的基礎を提供します。

「中間論理」は、「直観主義論理」と「古典論理」の間の「論理」として形式化されます。

※なお、「中間論理」は「スーパー直観主義論理」とも言います。

文献では、多くの「中間論理」が提案されています。

＊

「弱排中律の論理」(logic of the weakexcluded middle) または**「ジャンコフ論理」**(Jankov's logic) は、「**INT**」に弱排中律「$\neg\neg A \vee \neg A$」を追加した「論理」で、「**KC**」または「**LQ**」で表わされます (Akama [10] 参照)。

「ゲーデル=ダメット論理」(Gödel-Dummett logic) は、「**INT**」を「$(A \to B) \vee (B \to A)$」で拡張した「論理」で、「**LC**」で表わされます (Dummett [56]1 参照)。

「クレイゼル=パットナム論理」(Kreisel-Putnam logic) は、「**INT**」に「$(\neg A \to (B \vee C)) \to ((\neg A \to B) \vee (\neg A \to C))$」を追加した「論理」です (Krisel and Putnam [100] 参照)。

＊

他にもいくつかの「中間論理」が提案されていますが、ここでは説明を省略します。

いくつかの「中間論理」は、「ラフ集合論理」として用いられます (Akama et al. [13, 14] 参照)。

■強い否定を含む構成的論理

「直観主義論理」では「否定」は構成的でないので、「強い否定」を導入することができます。

*

ネルソン (Nelson [148] 参照) は、**「強い否定を含む構成的論理」** (constructive logic with strongnegation) を「直観主義論理」の代替として提案しています。

この「論理」では、**「強い否定」** (strong negation) または「構成的否定」(constructible negation) が「直観主義否定」のいくつかの欠点を改善するため、導入されます。

*

構成的論理「**N**」は、正直観主義論理「$\mathbf{Int}^{+}$」に「$\sim$」で表わされる**「強い否定」** (strong negation) についての、以下の「公理」によって公理化されます。

$$(\text{N1})\ (A \wedge \sim A) \rightarrow B$$
$$(\text{N2})\ \sim\sim A \leftrightarrow A$$
$$(\text{N3})\ \sim (A \rightarrow B) \leftrightarrow (A \wedge \sim B)$$
$$(\text{N4})\ \sim (A \wedge B) \leftrightarrow (\sim A \vee \sim B)$$
$$(\text{N5})\ \sim (A \vee B) \leftrightarrow (\sim A \wedge \sim B)$$

「**N**」では、直観主義否定「$\neg$」を、次のいずれか定義で導入することができます。

$$\neg A \leftrightarrow A \rightarrow (B \wedge \sim B)$$
$$\neg A \leftrightarrow A \rightarrow \sim A$$

「**N**」から「(N1)」を除去すると、アルムクダッド (Almukdad) とネルソンのパラコンシステント構成的論理「$\mathbf{N}^-$」を得ます (Almukdad and Nelson [18] 参照)。

赤間 (Akama [5, 6, 7, 8, 9, 11]) やワンシング (Wansing [192]) は、ネルソンの「強い否定を含む構成的論理」の「証明理論」と「モデル理論」を詳細に研究しています。

*

1959 年に、ネルソン (Nelson [149] 参照) は、コントラクション「$(A \rightarrow (A \rightarrow B)) \rightarrow (A \rightarrow B)$」が成り立たない構成的論理「**S**」を提案し、「パラコンシステント論理」としての側面を議論しています。

赤間 (Akama [9] 参照) は、ネルソンの「パラコンシステント構成的論理」の詳細な研究を報告しています。

「**N**」の「意味論」は、「クリプキ・モデル」または「ネルソン代数」で与えられます。

*

「**N**」の「クリプキ・モデル」は、タップル「$\langle W, R, V_P, V_N \rangle$」で定義されます。

ここで、「W」は「可能世界」の「集合」であり、「R」は「W」上の反射的かつ推移的な「二項関係」、「V_P」「V_N」は、すべての命題変数「p」から「W」の「部分集合」への「関数」であって、以下の「関係」を満足します。

(1) $V_P(p) \cap V_N(p) = \emptyset$

(2) $\forall w^*(w \in V_P(p) \Rightarrow \ w^* \in V_P(p))$

(3) $\forall w^*(w \in V_N(p) \Rightarrow \ w^* \in V_N(p))$

*

2つの強制関係「$\models_P$」「$\models_N$」を、任意の命題変数「p」と「$w \in W$」について、以下のように定義します。

$$w \models_P p \Leftrightarrow \ w \in V_P(p)$$
$$w \models_N p \Leftrightarrow \ w \in V_N(p)$$

ここで、「$w \models_P p$」は、式「p」は世界「w」で「真」であることを意味し、「$w \models_N p$」は、式「p」は世界「w」で「偽」であることを意味します。

＊

「$\models_P$」「$\models_N$」は、任意の式「A, B」について、以下のように拡張されます。

$w \models_P \sim A \;\Leftrightarrow\; w \models_N A$
$w \models_P A \wedge B \;\Leftrightarrow\; w \models_P A$ かつ $w \models_P B$
$w \models_P A \vee B \;\Leftrightarrow\; w \models_P A$ または $w \models_P B$
$w \models_P A \to B \;\Leftrightarrow\; \forall w^*(w^* \models_P A \;\Rightarrow\; w^* \models_P B)$
$w \models_N \sim A \;\Leftrightarrow\; w \models_P A$
$w \models_N A \wedge B \;\Leftrightarrow\; w \models_N A$ または $w \models_N B$
$w \models_N A \vee B \;\Leftrightarrow\; w \models_N A$ かつ $w \models_N B$
$w \models_N A \to B \;\Leftrightarrow\; w \models_P A$ かつ $w \models_N B$

すべての世界「w」とモデル「M」で「$w \models_P A$」ならば「A」は「妥当」と言い,「$\models_{\mathbf{N}} A$」と書きます。

「V_P」「V_N」の「単調性」が任意の「式」について成り立ちます。

＊

「**N**」の「クリプキ・モデル」は「直観主義論理」の「クリプキ・モデル」の拡張と解釈できます。

すなわち、「真理」「偽」の両方が直観主義的に解釈されます。

条件「$V_P(p) \cap V_N(p) = \emptyset$」を除くと、「$\mathbf{N}^-$」の「クリプキ・モデル」を得ます。

「$\mathbf{N}$」(および「$\mathbf{N}^-$」) の「完全性」が証明できます。

[定理 3.3]

$\vdash_{\mathbf{N}} A \Leftrightarrow \models_{\mathbf{N}} A$

「強い否定を含む校正的論理」の「代数的意味論」は、いわゆる「ネルソン代数」を用いて研究されています (Rasiowa [169] 参照)。

※なお、「ネルソン代数」は**第 4 章** (第 2 巻収録) で議論するように、「ラフ集合理論」の別の基礎となります。

3.4 パラ コンシステント論理

「パラ コンシステント論理」(paraconsistent logic, 矛盾許容論理)は、矛盾するがトリビアルでない「理論」の「論理」で、「非古典論理」に分類されます。

「パラ コンシステント論理」には多くの応用があり、工学の基礎になり得ます。

なぜなら、いくつかの工学的問題は矛盾情報を解決しなければいけないからです。

しかし、「古典論理」は矛盾情報を許容できません。

その観点から、「パラ コンシステント論理」は、有望です。

*

以下では、「パラ コンシステント論理」をレビューします。

「T」をベースとする論理「L」の「理論」とします。

「T」は、「A」と「$\neg A$」(「A)」の「否定」) を「定理」として含むなら、「**矛盾**」(inconsistent) である、と言います。

すなわち、

$$T \vdash_L A \text{ かつ } T \vdash_L \neg A$$

ならば「T」矛盾になります。

ここで、「$\vdash_L$」は「L」における「証明可能関係」を表わします。

*

「T」は、「矛盾」でなければ、「**無矛盾**」(consistent) である、と言います。

「T」は、その「言語」のすべての「式」が「T」の「定理」ならば、「トリビアル」と言い、そうでなければ、「ノントリビアル」と言います。

「トリビアル」な「理論」では、任意の式「B」について「$T \vdash_L B$」が成り立ちます。

「トリビアル」な「理論」では、すべての「式」が証明可能なので、興味深くありません。

「L」が「古典論理」(または「直観主義論理」など) なら、「矛盾」と「トリビアル」の概念は一致します。

すなわち、「T」が「矛盾」と「T」が「トリビアル」は「同値」になります。

よって、「トリビアル」な「理論」では、「式」と「定理」の概念は一致します。

*

「**パラ コンシステント論理**」(paraconsistent logic) は、「矛盾」であるが「トリビアル」でない「理論」の基礎になる「論理」です。

この観点で、「パラ コンシステント論理」では、「**矛盾律**」(principle of non-contradiction)、すなわち、「$\neg(A \wedge \neg A)$」が成り立ちません。

同様に、「パラ完全理論」の概念を定義できます。

※なお、「パラ完全性」は意味論的に形式化されます。

「A」も「$\neg A$」も「真」でなければ、「T」は「**パラ完全**」(paracomplete) と言います。

*

「$\models_L$」を言語「L」における「理論」から「式」の「意味論的帰結関係」とすると、

$$T \not\models_L A \text{ かつ } T \not\models_L \neg A$$

が「パラ完全理論」では成り立ちます。

*

「T」が「パラ完全」でなければ、「T」は「**完全**」、すなわち、

$T \models_L A$ または $T \models_L \neg A$

が成り立ちます。

*

「**パラ完全論理**」(paracomplete logic) は、「パラ完全理論」の「論理」で、「**排中律**」(principle of excludedmiddle)、すなわち、「$A \vee \neg A$」が成り立ちません。

したがって、「直観主義論理」は「パラ完全論理」の 1 つと解釈できます。

そして、「パラコンシステント」かつ「パラ完全」な「論理」は、「**非真理的**」(non-alethic) と言います。

よって、「非真理的論理」は、「矛盾」と「不完全性」の両方を扱えます。

※なお、「古典論理」は「無矛盾」かつ「完全」な「論理」になります。

*

いくつかの「パラコンシステント論理」の「システム」がありますが、これらは異なる観点から提案されています。

以下では、主要な「パラ コンシステント論理」を簡潔に説明します。

- 推理論理
- C-システム
- 適正 (適切) 論理

■ 推理論理

「**推理論理**」(discursive logic, discussive logic) は、ヤスコフスキー (Jaśkowski) によって」提案された「パラ コンシステント論理」で非アジャンクティブなアプローチに基づいています (Jaśkowski [87, 88] 参照)。

「**アジャンクション**」(adjunction) は、

$$\vdash A, \vdash B \Rightarrow \vdash A \wedge B$$

の形の「推論規則」です。

「推理論理」は「アジャンクション」を禁止することで、「**爆発**」(explosion)、すなわち、「$A, \neg A \vdash B$」を回避します。

形式システム「J」は、次の条件を満足します。

(a) 2つの互いに矛盾する「命題」から任意の「命題」を導くのは可能であるべきではない。

(b) (a)と両立する大部分の「古典論理」の「定理」は「妥当」になる。

(c) 「J」は、直観的な解釈をもつべきである。

このような「論理」は、ヤスコフスキー 自身が述べている直観的な性質をもちます。

*

たとえば、ある議論で擁護される唯一の「演繹システム」を形式化したいと仮定します。

そうすると、一般には、議論の参加者はいくつかの記号に同じ意味があるとは強制しません。

よって、このような議論を形式化する「演繹システム」の「定理」を得たいと考えます。

*

「命題」とその「否定」は真になります。

なぜなら、記号についての変化があるからです。

したがって、「推理論理」は「パラコンシステント論理」の1つと見なせます。

*

ヤスコフスキーの「D_2」は、「古典論理」の「論理記号」から構成する「命題式」を含みます。

さらに、「**S5**」の可能性記号「$\Diamond$」が追加されます。

＊

「可能性記号」に基づき、3 種類の「推論的論理記号」が、以下のように定義されます。

(推論的含意) $A \to_d B =_{\mathrm{def}} \Diamond A \to B$
(推論的連言) $A \wedge_d B =_{\mathrm{def}} \Diamond A \wedge B$
(推論的同値) $A \leftrightarrow_d B =_{\mathrm{def}} (A \to_d B) \wedge_d (B \to_d A)$

さらに、推論的否定「$\neg_d A$」を「$A \to_d false$」と定義できます。

＊

ヤスコフスキーの元の「D_2」の形式化 ([87]) では、論理記号「$\to_d, \leftrightarrow_d, \vee, \wedge, \neg$」が用いられ、後の形式化 ([88]) では「$\wedge_d$」が用いられています。

＊

コタス (Kotas) による「公理化」は、以下の「公理」と「推論規則」によります (Kotas [95] 参照)。

コタス (Kotas) による「公理化」

[公理]
(A1) $\Box(A \to (\neg A \to B))$
(A2) $\Box((A \to B) \to ((B \to C) \to (A \to C))$
(A3) $\Box((\neg A \to A) \to A)$

(A4) $\Box(\Box A \to A)$
(A5) $\Box(\Box(A \to B) \to (\Box A \to \Box B))$
(A6) $\Box(\neg\Box A \to \Box\neg\Box A)$

[推論規則]

(R1) 代入規則
(R2) $\Box A, \Box(A \to B)/\Box B$
(R3) $\Box A/\Box\Box A$
(R4) $\Box A/A$
(R5) $\neg\Box\neg\Box A/A$

他の「D_2」の「公理化」もありますが、ここでは説明を省略します。

「推論的論理」は「パラコンシステント論理」としては弱いと見なされますが、「あいまい性」などに応用されます。

■ C-システム

「C-システム」(C-system) は、ダコスタ (da Costa) によって提案された「パラコンシステント論理」で、矛盾するがトリビアルでない「理論」の基礎になります (da Costa [49] 参照)。

*

「C-システム」の重要な特徴は、「トリビアリティ」を回避する「否定」の非真理関数的解釈です。

*

ここで、C-システム「C_1」を説明します (da Costa [49] 参照)。

「C_1」の「言語」は、論理記号「$\wedge, \vee, \to, \neg$」を用います。

※なお、↔」は、通常のように定義されます。

さらに、式「A°」が」「$\neg(A \wedge \neg A)$」の省略としても用いられますが、『「A」は正常的 (well-behaved) である』と読まれます。

＊

「C_1」の基本的な考え方は以下の通りです。

(1) 「古典論理」の「妥当式」の大部分が成り立つ。
(2) 排中律「$\neg(A \wedge \neg A)$」は「妥当」であるべきではない。
(3) 互いに矛盾する 2 つの「式」から、任意の「式」は導かれるべきではない。

＊

「C_1」の「ヒルベルト・システム」は、「正直観主義論理」を、以下の「否定」の「公理」で拡張します。

C_1

[公理]
(DC1) $A \to (B \to A)$
(DC2) $(A \to B) \to (A \to (B \to C)) \to (A \to C))$
(DC3) $(A \wedge B) \to A$
(DC4) $(A \wedge B) \to B$
(DC5) $A \to (B \to (A \wedge B))$
(DC6) $A \to (A \vee B)$
(DC7) $B \to (A \vee B)$

(DC8) $(A \to C) \to ((B \to C) \to ((A \vee B) \to C))$
(DC9) $B^\circ \to ((A \to B) \to ((A \to \neg B) \to \neg A))$
(DC10) $(A^\circ \wedge B^\circ) \to (A \wedge B)^\circ \wedge (A \vee B)^\circ \wedge (A \to B)^\circ$
(DC11) $A \vee \neg A$
(DC12) $\neg\neg A \to A$

[推論規則]
(MP) $\vdash A, \vdash A \to B \Rightarrow \vdash B$

ここで、「(DC1)-(DC8)」は「正直観主義論理」の「公理」です。

また、「(DC9),(DC10)」は、「パラコンシステント論理」の形式化で重要な役割を果たします。

*

「C_1」の「意味論」は、2 値評価関数について与えられます (da Costa and Alves [51] 参照)。

「$\mathcal{F}$」を「C_1」の「式」の「集合」とします。

評価「v」は、「$\mathcal{F}$」から「$\{0, 1\}$」への「写像」で、以下の関係を満足します。

$v(A) = 0 \Rightarrow \ v(\neg A) = 1$
$v(\neg\neg A) = 1 \Rightarrow \ v(A) = 1$
$v(B^\circ) = v(A \to B) = v(A \to \neg B) = 1 \Rightarrow \ v(A) = 0$
$v(A \to B) = 1 \Leftrightarrow \ v(A) = 0$ または $v(B) = 1$
$v(A \wedge B) = 1 \Leftrightarrow \ v(A) = v(B) = 1$
$v(A \vee B) = 1 \Leftrightarrow \ v(A) = 1$ または $v(B) = 1$
$v(A^\circ) = v(B^\circ) = 1 \Rightarrow v((A \wedge B)^\circ) = v((A \vee B)^\circ) =$
$v((A \to B)^\circ) = 1$

ここで、「否定」と「二重否定」の「解釈」は「同値関係」として与えられていない、ことに注意してください。

式「A」は、すべての評価「v」について「$v(A) = 1$」ならば「妥当」であると言い、「$\models A$」と書きます。

*

「C_1」では、上記の「意味論」について「完全性」が成り立ちます。

ダコスタのシステム「C_1」は、「C_n」 $(1 \leq n \leq \omega)$ に拡張できます。

「$A^{(1)}$」は「A°」を「$A^{(n)}$」は「$A^{(n-1)} \wedge (A^{(n-1)})^\circ (1 \leq n \leq \omega)$」を表わすことにします。

*

「C_n」($1 \leq n \leq \omega$) の「公理」は、「DC1)-(DC8), (DC12), (DC13)」と、次の 2 つになります。

(DC9n) $B^{(n)} \to ((A \to B) \to ((A \to \neg B) \to \neg A))$
(DC10n) $(A^{(n)} \wedge B^{(n)}) \to (A \wedge B)^{(n)} \wedge (A \vee B)^{(n)} \wedge (A \to B)^{(n)}$

「C_ω」の「公理」は、「(DC1)-(DC8),(DC12), (DC13)」になります。

後に、ダコスタは、「C-システム」の一階および高階拡張を研究しています。

■ 適切論理

「**適切論理**」(relevance logic) は「**適正論理**」(relevant logic) とも言い、「含意」における「適切性」の概念に基づく「論理」です[3]。

歴史的には、「適切論理」は「**含意のパラドックス**」(paradox of implications) を解決するために考案されました (Anderson and Belnap [19, 20] 参照)。

＊

アンダーソン (Anderson) とベルナップ (Belnap) は、「$A \to (B \to A)$」を認めない動機を実現するために適切論理「**R**」を形式化しました。

[3] 以下では、これらを参照する場合、主に「適切論理」という用語を使うことにします。

後に、さまざまな「適切論理」が提案されました。

すべての「適切論理」が「パラ コンシステント論理」ではありませんが、いくつかは「パラ コンシステント論理」として重要と考えられます。

*

ロートリー (Routley) とマイヤー (Meyer) は、基本適正論理「**B**」(basic relevant logic) を提案しています。

これは、いわゆる「**ロートリー=マイヤー意味論**」(Routley-Meyersemantics) をもつ最小の「システム」です。

したがって、「**B**」は重要な「システム」であり、以下で説明します (Routley et al. [173] 参照)。

*

「**B**」の「言語」は、論理記号「$\&, \vee, \rightarrow$ (適切含意)」を含みます。

「**B**」の「ヒルベルト・システム」は、以下のようになります。

適正論理「**B**」

[公理]
(BA1) $A \to A$
(BA2) $(A\&B) \to A$
(BA3) $(A\&B) \to B$
(BA4) $((A \to B)\&(A \to C)) \to (A \to (B\&C))$
(BA5) $A \to (A \vee B)$
(BA6) $B \to (A \vee B)$
(BA7) $(A \to C)\&(B \to C)) \to ((A \vee B) \to C)$
(BA8) $(A\&(B \vee C)) \to (A\&B) \vee C)$
(BA9) $\sim\sim A \to A$
[推論規則]
(BR1) $\vdash A, \vdash A \to B \;\Rightarrow \vdash B$
(BR2) $\vdash A, \vdash B \;\Rightarrow \vdash A\&B$
(BR3) $\vdash A \to B, \vdash C \to D \Rightarrow \vdash (B \to C) \to (A \to D)$
(BR4) $\vdash A \to \sim B \;\Rightarrow \vdash B \to \sim A$

アンダーソンとベルナップの「**R**」の「ヒルベルト・システム」は、次のようになります。

適切論理「**R**」

[公理]

(RA1) $A \to A$

(RA2) $(A \to B) \to ((C \to A) \to C \to B))$

(RA3) $(A \to (A \to B) \to (A \to B)$

(RA4) $(A \to (B \to C)) \to (B \to (A \to C)$

(RA5) $(A \& B) \to A$

(RA6) $(A \& B) \to B$

(RA7) $((A \to B) \& (A \to C)) \to (A \to (B \& C))$

(RA8) $A \to (A \vee B)$

(RA9) $B \to (A \vee B)$

(RA10) $((A \to C) \& (B \vee C)) \to ((A \vee B) \to C))$

(RA11) $(A \& (B \vee C)) \to ((A \& B) \vee C)$

(RA12) $(A \to \sim A) \to \sim A$

(RA13) $(A \to \sim B)) \to (B \to \sim A)$

(RA14) $\sim\sim A \to A$

[推論規則]

(RR1) $\vdash A, \vdash A \to B \Rightarrow \vdash B$

(RR2) $\vdash A, \vdash B \Rightarrow \vdash A \& B$

ロートリーらは「**R**」のいくつかの「公理」は強いと考え、それらを「規則」の形で形式化しました。

※なお、「**B**」は「パラ コンシステント」ですが、「**R**」はそうでないことに注意してください。

＊

次に、「**B**」の「ロートリー=マイヤー意味論」を説明します。

「モデル構造」(model structure) は、タップル「$\mathcal{M} = \langle K, N, R, *, v$」で定義されます。

ここで、「K」は空でない「世界」の「集合」を表わし、「$N \subseteq K$」とします。

「$R \subseteq K^3$」は、「K」上の「三項関係」を、「$*$」は「K」上の「一項操作」を表わします。

「v」は、「世界」の「集合」と「命題変数」の集合「$\mathcal{P}$」から「$\{0, 1\}$」への「評価関数」です。

＊

「$\mathcal{M}$」には、いくつかの「制約」があります。

「v」は、任意の「$a, b \in K$」と「$p \in \mathcal{P}$」について、「$a \leq b$」かつ「$v(a, p) = 1$」ならば「$v(b, p) = 1$」を満足します。

「$a \leq b$」は「順序前関係」で、「$\exists x(x \in N$ かつ $Rxab)$」と定義されます。

また、操作「$*$」は、条件「$a^{**} = a$」を満足します。

任意の命題変数「p」について、真理関係「$\models$」を「$a \models p \Leftrightarrow v(a,p)=1$」と定義します。

ここで、「$a \models p$」は『「p」は「a」で「真」である』と読まれます。

＊

そして、「$\models$」は、任意の「式」について、以下のように拡張されます。

$a \models \sim A \;\Leftrightarrow\; a^* \not\models A$
$a \models A \& B \;\Leftrightarrow\; a \models A$ かつ $a \models B$
$a \models A \vee B \;\Leftrightarrow\; a \models A$ または $a \models B$
$a \models A \rightarrow B \;\Leftrightarrow\; \forall bc \in K(Rabc$ かつ $b \models A$
ならば $c \models B)$

式「A」が「$\mathcal{M}$」の「a」で「**真**」であることと、「$a \models A$」は「同値」になります。

「A」が「**妥当**」であることと、「A」がすべての「モデル構造」の「N」のすべての「世界」で「真」であることは「同値」になり、「$\models A$」と書きます。

＊

ロートリーらは、「キャノニカル・モデル」(canonical model) という概念を用いて、上記の「意味論」についての「**B**」の「完全性定理」を証明しています (Routley et al. [173] 参照)。

「**R**」の「モデル構造」は、以下の条件を満足します。

$$R0aa$$
$$Rabc \Rightarrow\ Rbac$$
$$R^2(ab)cd \Rightarrow\ R^2a(bc)d$$
$$Raaa$$
$$a^{**} = a$$
$$Rabc \Rightarrow\ Rac^*b^*$$
$$Rabc \Rightarrow\ (a' \leq a \Rightarrow\ Ra'bc)$$

ここで、「R^2abcd」は、「$\exists x(Raxd$ かつ $Rxcd)$」の省略形です。

「**R**」では、「完全性」が成り立ちます ([19, 20] 参照)。

＊

「適切論理」の詳細は、Anderson and Belnap [19],Anderson, Belnap and Dunn [20], Routley etal. [173] にまとめられています。

※なお、簡潔なサーベイとしては、Dunn [57] があります。

■その他のパラ コンシステント論理

1990 年代になると、「パラ コンシステント論理」は、他の分野、特に、「コンピュータ・サイエンス」との関連で重要な研究対象になりました。

以下では、他の「パラ コンシステント論理」を説明します。

＊

「パラ コンシステント論理」の歴史は、ロシアのバシリエフ (Vasil'ev) の「**想像論理**」(imaginary logic) で始まります。

1910 年に、バシリエフは、アリストテレスの「三段論法」を、「P」かつ「not-P」の形の命題「S」を許すように拡張しました (Vasil'ev [19 参照)。

よって、「想像論理」は「パラ コンシステント論理」と見なせます。

しかし、現代的な観点からの形式化については、ほとんど研究はありません。

「想像論理」のサーベイについては、Arruda [26] があります。

＊

1954 年に、アセンジョ (Asenjo) は、学位論文で「アンチノミーの計算」を提案しました (Asenjo [28] 参照)。

アセンジョの研究はダコスタの研究の前に出版されましたが、無視されてきました。

アセンジョの考えは、クリーニの「強 3 値論理」を用いて、「アンチノミー」(antinomy) の「真理値」を「真かつ偽」と解釈することです[4]。

彼の提案した「計算」は、トリビアルでない、矛盾した「命題論理」であり、その「公理化」はクリーニ (Kleene [92]) の「古典論理」の「公理化」から公理「$(A \to B) \to ((A \to \neg B) \to \neg A)$」を除いたものになります。

*

1979 年に、プリースト (Priest [165]) は、「意味論的パラドックス」を扱う「**パラドックスの論理**」(logicof paradox) を提案しました。

この「論理」は「LP」と呼ばれ、「パラコンシステント論理」の分野で、非常に重要です。

「LP」は、クリーニの「強 3 値論理」を用いて、意味論的に定義されます。

プリーストは、クリーニの「強 3 値論理」の「真理値表」を再解

[4]「アンチノミー」は「パラドックス」と同義です。

釈しました。

すなわち、3 番目の「真理値」を「「真」でも「偽」でもない」(I)ではなく「真かつ偽」(B) と読み、「(T)」「 (B)」を「指定真理値」と仮定しました。

※なお、この考え方は、すでに Asenjo [28] や Belnap [35, 36] も検討していました。

したがって、「ECQ」$(A, \sim A \models B)$ は「妥当」ではありません。

すなわち、「LP」は「パラ コンシステント論理」と見なせます。

しかし、「(質量) 含意」は、「LP」では「モーダス・ポーネンス」を満足しません。

※なお、「適切含意」を「含意」として「LP」に導入することは可能です。

プリーストは、「LP」の「意味論」を、「真理値割当**関数**」でなく「真理値割当**関係**」によって示しています。

「$\mathcal{P}$」を「命題変数」の「集合」とします。
そうすると、評価「η」は「$\mathcal{P} \times \{0,1\}$」の「部分集合」になります。

「命題」は「1 (true)」のみ、および、「0 (false)」のみに関係し、また、「both 1 and 0 (both)」または「neither 1 nor 0 (none)」に

関係します。

*

そして、「評価」は、以下のように、任意の「式」に拡張されます。

$$
\begin{aligned}
&\neg A\eta 1 \Leftrightarrow\ A\eta 0\\
&\neg A\eta 0 \Leftrightarrow\ A\eta 1\\
&A \wedge B\eta 1 \Leftrightarrow\ A\eta 1 \text{ かつ } B\eta 1\\
&A \wedge B\eta 0 \Leftrightarrow\ A\eta 0 \text{ または } B\eta 0\\
&A \vee B\eta 1 \Leftrightarrow\ A\eta 1 \text{ または } B\eta 1\\
&A \vee B\eta 0 \Leftrightarrow\ A\eta 0 \text{ かつ } B\eta 0
\end{aligned}
$$

「妥当性」をすべての関係評価の真理保存で定義すれば、「適切論理」の「部分システム」である**「一度含意」**(first-degree entailment)を得ます。

*

「LP」を用いて、プリーストは、さまざまな哲学的および論理的問題を扱うことを推進しています (Priest [166, 167] 参照)。

たとえば、「LP」では、**「うそつき文」**(liar sentence) は、「真かつ偽」と解釈できます。

さらに、プリーストは**「ダイアレシズム」**(dialetheism) と言う哲学的観点を提案していますが、これは「真」である矛盾の存在を主張します。

その後、「ダイアレシズム」は多くの人々によって議論されています。

＊

1990 年の初頭以降、ベイテンズ (Batens) は、「**適合論理**」(adaptative logics) を提案しています (Baten [33, 34] 参照)。

これは「論理」の族で、Batens [32] で研究された「**ダイナミックダイアレクティカル論理**」(dynamic dialectical logics) の改良と見なせます。

「**矛盾適合論理**」(inconsistency-adaptivelogic) は、Batens [33] で提案され、「パラ コンシステント論理」と「非単調論理」の基礎を与えます。

「適合論理」は、「古典論理」を”ダイナミック論理” として形式化しました。

※なお、ここでの「ダイナミック論理」は「コンピュータ・サイエンス」で同じ名前で研究されているものとは異なります。

「論理」は、それ自身が適合される特定の前提を適合するなら「**適合的**」(adaptive) と言います。

この意味で、「適合論理」は人間の推論の「ダイナミックス」をモデル化できます。

*

2 種類の「ダイナミックス」があります。

すなわち、「**外的ダイナミックス**」(external dynamics) と「**内的ダイナミックス**」(internal dynamics) です。

*

「**外的ダイナミックス**」は、次のように言えます。

新しい前提が得られれば、古い前提からの結論は撤回されるかもしれません。

すなわち、「外的ダイナミックス」は「帰結関係」の「非単調性」からのものです。

「$\vdash$」を「帰結関係」、「Γ, Δ」を「式」の「集合」、「A」を「式」とします。

そうすると、「外的ダイナミックス」は形式的に次のように表わされます。

ある「Γ, Δ」「A」について、「$\Gamma \vdash A$」であるが「$\Gamma \cup \Delta \nvdash A$」が成り立ちます。

したがって、「外的ダイナミックス」は AI における「**非単調推論**」(non-monotonic reasoning) の概念と密接に関連します。

*

「**内的ダイナミックス**」は、「外的ダイナミックス」とは非常に異なるものです。

たとえ「前提集合」が一定でも、ある「式」は「推論プロセス」のある段階で導かれ、後の段階では導かれない、ということです。

*

任意の「帰結関係」について、「前提」の洞察は、その「前提」から導かれる「結論」から得られます。

「正テスト」のない状況では、上記の記述は「内的ダイナミックス」になります。

すなわち、「内的ダイナミックス」では、「推論」は後の段階で「矛盾」が得られるなら、以前に用いられた「推論規則」の適用を撤回することによって、それ自身を適合しなければいけません。

*

「適合論理」は、「内的ダイナミックス」に基づく「論理」です。

適合論理「AL」は、以下の 3 個の要素で特徴づけられます。

(i) 「下限論理」(lower limit logic: LLL)

(ii) 「アブノーマリティ」(abnormality) の「集合」

(iii) 「適合戦略」(adaptive strategy)

*

> 下限論理「LLL」は、任意の「単調論理」、
> たとえば、「古典論理」で、「適合論理」の安定部分になります。
> したがって、「LLL」は「適合」にかかわりません。
>
> 「アブノーマリティ」の集合「Ω」は、「真」と
> 証明されない「偽」と仮定される「式」から構成されます。
> 多くの「適合論理」では、「Ω」は「$A \wedge \sim A$」の
> 形の「式」の「集合」になります。
>
> 「適合戦略」は、「アブノーマリティ」の「集合」に
> 基づく「推論規則」の適用の戦略を規定します。

下限論理「LLL」が「アブノーマリティ」が論理的に可能でないという条件で拡張されるなら、「上限論理」(upper limit logic:ULL)と呼ばれる「単調論理」を得ます。

意味論的には、適切な「上限論理」の「意味論」は、「アブノーマリティ」を検証しない「下限論理」の「モデル」を選択することによって得られます。

「アブノーマリティ」という名前は、上限論理「ULL」において「前提集合」が「ノーマル」で、「アブノーマル」な「前提集合」(「トリビアル」な「帰結集合」が割り当てられる「集合」)が「爆発」であることを要求します。

*

「下限論理」が古典論理「CL」で「アブノーマリティ」の「集合」が「$\exists A \wedge \exists \sim A$」の形の「式」で構成されるなら、「上限論理」は「$CL$」に公理「$\exists A \rightarrow \forall A$」を追加することによって得られます。

多くの「矛盾許容論理」と同じように、「下限論理」が「CL」を含む. パラ コンシステント論理「PL」で、「アブノーマリティ」の「集合」が「$\exists(A \wedge \sim A)$」の形の「式」から構成されるなら、「上限論理」は「CL」になります。

*

「適合論理」は、「前提集合」を「上限論理」に一致するように、“できる限り可能”に解釈します。

すなわち、「前提」が許す限り「アブノーマリティ」を回避します。

*

「適合論理」は、「推論」の「ダイナミックス」の観点から「パラ コンシステント論理」の形式化を考える新しい方法を与えます。

「矛盾適合論理」は「パラ コンシステント論理」ですが、「適合論理」の応用は「パラ コンシステンシー」に限定しません。

論理的観点からは、「適合論理」は「パラ コンシステント論理」として有望です。

しかし、応用面からすると、「適合論理」における「推論」を自動化するには、いくつかの障害があります。

たとえば、「適合論理」の「証明」はある種の「適合戦略」を用い「ダイナミック」になるので容易ではありません。

また、応用に依存する適当な「適合戦略」をいかに選択するかの問題もあります。

＊

カルネリィー (Carnelli) は、「無矛盾」「矛盾」を「数学的オブジェクト」と扱う論理システム「**形式矛盾の論理**」(Logics of Formal Inconsistency: LFI) を提案しています (Carnelli, Coniglio and Marcos [40] 参照)。

これらの「論理」の特筆すべき点の1つは、「無矛盾」「矛盾」の概念を「オブジェクトレベル」で内的化できることにあります。

また、ダコスタの「C-システム」を含む多くの「パラコンシステント論理」は、「LFI」のサブクラスとして解釈できます。

したがって、「LFI」は「パラコンシステント論理」の一般的枠組みと見なせます。

＊

「形式矛盾の論理」は、古典論理「CL」に無矛盾性オペレータ「C」を追加した任意の爆発的「パラコンシステント論理」として定義されます。

すなわち、古典論理的帰結関係「$\vdash$」が、以下の 2 つの条件を満足するのと「同値」として定義されます。

(a) $\exists\Gamma\exists A\exists B(\Gamma, A, \neg A \nvdash B)$

(b) $\forall\Gamma\forall A\forall B(\Gamma, \circ A, A, \neg A \vdash B)$.

ここで、「Γ」は「式」の「集合」、「A, B」は「式」を表わします。

＊

無矛盾性オペレータ「$\circ$」を用いて、「オブジェクト言語」で「無矛盾性」と「矛盾性」の両方を表現できます。

したがって、「LFI」は多くの「パラ コンシステント論理」を分類するのに充分な「論理」です。

たとえば、ダコスタの「C_1」は「LFI」であることが示されます。

＊

すべての式「A」について、「$\circ A$」を「$\neg(A \wedge \neg A)$」の省略形とします。

そうすると、論理「C_1」は「LFI」で、「$\circ(p) = \{\circ p\} = \{\neg\neg(p \wedge \neg p\}$」とします。

そして、「LFI」としての「公理化」は「古典論理」の正断片と公理「$\neg\neg A \to A$」と以下の「$\circ$」の「公理」を含みます。

(bc1) $\circ A \to (A \to (\neg A \to B))$
(ca1) $(\circ A \wedge \circ B) \to \circ(A \wedge B)$
(ca2) $(\circ A \wedge \circ B) \to \circ(A \vee B)$
(ca3) $(\circ A \wedge \circ B) \to \circ(A \to B)$

さらに、古典否定「$\sim$」は「$\sim A =_{\mathrm{def}} \neg A \wedge \circ A$」で定義できます。

また、必要なら、矛盾性オペレータ「$\bullet$」も「$\bullet A =_{\mathrm{def}} \neg \circ A$」で導入できます。

*

Carnielli, Coniglio, and Marcos [40] は、実在する「論理システム」の分類を示しています。

たとえば、「古典論理」は「LFI」でなく、ヤスコフスキーの「D_2」は「LFI」になります。

彼らは、「LFI」の基本システム「LFI1」を導入し、その「意味論」と「公理化」を示しています。

「形式矛盾の論理」は、論理的観点から、非常に興味深いものと見なせます。

なぜなら、既存の「パラ コンシステント論理」の理論的枠組みとなるからです。

さらに、「LFI」の「タブロー・システム」も研究されています(Carnielli andMarcos [41] 参照)。

「LFI」は、「コンピュータ・サイエンス」と 「AI」 を含むさまざまな分野に適切に応用できます。

*

「注釈付き論理」(annotated logic) は、「パラ コンシステント論理プログラミング」の「論理」です (Subrahmanian [181, 39])。

そして、「パラ コンシステント論理」としても魅力的なものです(da Costa et al. [52, 50], Abe [1] 参照)。

また、「注釈付き論理」は、工学を含む多くの分野に応用できる点でも特筆すべきです。

*

「注釈付き論理」は、**「パラ コンシステント論理プログラミング」**(paraconsistent logic programming) の論理的基礎を与えるために、サブラマニアン (Subrahmanian) によって導入されました (Subrahmanian [181], Blair andSubrahmanian [39] 参照)。

「パラ コンシステント論理プログラミング」は、「古典論理」に基づく「論理プログラミング」の拡張と見なせます。

＊

では、「注釈付き論理」を形式的に導入します。

命題注釈付き論理「$P\tau$」の「言語」を「L」とします。

「注釈付き論理」は、任意の固定した有限束「τ」に基づきますが、これは「**真理値束**」(lattice oftruth-values) と言います。

＊

「$\tau = \langle |\tau|, \leq, \sim \rangle$」は、「完備束」で順序「$\leq$」とオペレータ「$\sim : |\tau| \rightarrow |\tau|$」を付随します。

ここで、「$\sim$」は、「$P\tau$」の原子式レベルの「否定」の意味を与えます。

また、最大要素「$\top$」と最小要素「$\bot$」を仮定します。

そして、2つの束論的オペレーション「$\vee$」(最小上界) と「$\wedge$」(最大下界) を用います[5]。

[5]なお、束論的オペレーションと対応する論理記号は、同じものを用います。

[定義 **3.1**] 記号

「$P\tau$」の「記号」(symbol) は、以下のように定義される。

(1) 命題記号: $p, q, ...$ (添え字付きも可能)

(2) 注釈定数: $\mu, \lambda, ... \in |\tau|$

(3) 論理記号: $\wedge$ (連言), $\vee$ (選言),$\rightarrow$ (含意). $\neg$ (否定)

(4) 括弧: (,)

[定義 **3.2**] 式

「$P\tau$」の「式」(formula) は、以下のように定義される。

(1) 「p」が「命題記号」、「$\mu \in |\tau|$」が「注釈定数」ならば、「p_μ」は「式」になる。

※なお、この形の「式」は「注釈付き原子式」(annotated atom) と言う。

(2) 「F」が「式」ならば、「$\neg F$」も「式」になる。

(3) 「F」「G」が「式」ならば、「$F \wedge G$」

「$F \vee G$」「$F \to G$」も「式」になる。

(4) 「p」が「命題変数」、「$\mu \in |\tau|$」が「注釈定数」ならば、「$\neg^k p_\mu$ $(k \geq 0)$」も「式」になる。

※なお、この形の「式」は「**ハイパー・リテラル**」(hyper-literal) と言う。

「ハイパー・リテラル」でない「式」は、**「複合式」**(complex formula) と言います。

*

ここで、説明がいくつか必要です。

「注釈」は「原子式」レベルのみに付加されます。

注釈付き原子式「p_μ」は、『「p」の「真理値」は、少なくとも「μ」と信じられる』と読むことができます。

この意味で、「注釈付き論理」は「多値論理」の特徴を取り入れています。

*

「ハイパー・リテラル」は、「注釈付き論理」の特別な「式」です。

ハイパー・リテラル「$\neg^k p_\mu$」では、「$\neg^k$」は k 回の「$\neg$」の繰り

返しを表わします。

さらに形式的に言えば、「A」を「注釈付き原子式」とすると、「$\neg^0 A$」は「A」に、「$\neg^1 A$」は「$\neg A$」、「$\neg^k A$」は「$\neg(\neg^{k-1} A)$」になります。

この記法は、「$\sim$」にも用いられます。

＊

次に、「省略形」をいくつか定義します。

[定義 3.3]

「A」「B」を「式」とすると、次のように定義する。

$$A \leftrightarrow B =_{\text{def}} (A \to B) \land (B \to A)$$
$$\neg_* A =_{\text{def}} A \to (A \to A) \land \neg(A \to A)$$

ここで、「$\leftrightarrow$」は「**同値**」と言い、「$\neg_*$」は「**強い否定**」と言う。

「注釈付き論理」の「強い否定」は、古典論理的になります。

すなわち、「古典否定」のすべての性質を満足します。

＊

次に、「$P\tau$」の「意味論」である「**モデル理論的 意味論**」(model-theoretic semantics) を説明します。

「$\mathbf{P}$」を「命題変数」の「集合」とします。

解釈「I」は、関数「$I : \mathbf{P} \to \tau$」になります。

それぞれの解釈「I」に、評価「$v_I : \mathbf{F} \to \mathbf{2}$」を付随します。

ここで、「$\mathbf{F}$」はすべての「式」の「集合」、「$\mathbf{2} = \{0,1\}$」は「真理値」の「集合」を表わします。

＊

以下では、「添え字」は省略します。

[定義 3.4] 評価

評価「v」は、以下のように定義される。

「p_λ」が「注釈付き原子式」ならば、

$$v(p_\lambda) = 1\ (\text{「}I(p) \geq \lambda\text{」のとき}),$$
$$v(p_\lambda) = 0\ (\text{他の場合}),$$
$$v(\neg^k p_\lambda) = v(\neg^{k-1} p_{\sim\lambda}),\ (k \geq 1)$$

になる。

「A」「B」が「式」ならば、次のようになる。

$$v(A \wedge B) = 1 \Leftrightarrow\ v(A) = v(B) = 1,$$
$$v(A \vee B) = 0 \Leftrightarrow\ v(A) = v(B) = 0,$$
$$v(A \to B) = 0 \Leftrightarrow\ v(A) = 1\ \text{かつ}\ v(B) = 0.$$

「A」が「複合式」ならば、以下が成り立つ。

$$v(\neg A) = 1 - v(A)$$

評価「v」は「$v(A) = 1$」ならば「A」を「満足する」と言い、「$v(A) = 0$」ならば「「偽」にする」と言います。

*

評価「v」について、次の「補助定理」が成り立ちます。

[補助定理 3.1]

「p」を「命題変数」とし、「$\mu \in |\tau|\ (k \geq 0)$」とすると、以下が成り立つ。

$$v(\neg^k p_\mu) = v(p_{\sim^k \mu})$$

[補助定理 3.2]

「p」を「命題変数」とすると、以下が成り立つ。

$$v(p_\perp) = 1$$

[補助定理 **3.3**]

任意の複合式「A」「B」、式「F」について、評価「v」は、以下を満足する。

(1) $v(A \leftrightarrow B) = 1$ iff $v(A) = v(B)$

(2) $v((A \to A) \land \neg(A \to A)) = 0$

(3) $v(\neg_* A) = 1 - v(A)$

(4) $v(\neg F \leftrightarrow \neg_* F) = 1$

ここで、意味論的帰結関係「$\models$」を定義します。

「Γ」を「式」の「集合」、「F」を「式」とします。

「F」が「Γ」の「**意味論的帰結**」(semantic consequence) であるのは「$\Gamma \models F$」と書き、すべての「v」について、すべての「$A \in \Gamma$」が「$v(A) = 1$」ならば「$v(F) = 1$」になるのと「同値」です。

＊

すべての「$A \in \Gamma$」について、「$v(A) = 1$」ならば、「v」は「Γ」の「**モデル**」(model) と言います。

「Γ」が空(くう)ならば、「$\Gamma \models F$」は「$\models F$」と書き、「F」は「**妥当**」(valid) であることを意味します。

[補助定理 **3.4**]

「p」を「命題変数」、「$\mu, \lambda \in |\tau|$」とすると、以下が成り立つ。

(1) $\models p_{\perp}$,

(2) $\models p_{\mu} \to p_{\lambda}$, $(\mu \geq \lambda)$,

(3) $\models \neg^k p_{\mu} \leftrightarrow p_{\sim^k \mu}$ $(k \geq 0)$.

意味論的帰結関係「$\models$」は、次の性質を満足します。

[補助定理 **3.5**]

「A」「B」を「式」とすると、「$\models A$」「$\models A \to B$」ならば、「$\models B$」を満足する。

[補助定理 **3.6**]

「F」を「式」、「p」を「命題変数」とする。

「$(\mu_i)_{i \in J}$」を「注釈付き定数」、「J」を指標付きの「集合」とする。

そうすると、「$\models F \to p_{\mu}$」ならば、「$F \to p_{\mu_i}$」を満足する（「$\mu = \bigvee \mu_i$」）。

「補助定理 **3.6**」から、次の「補助定理」を得ます。

[補助定理 **3.7**]

「$\models p_{\lambda_1} \wedge p_{\lambda_2} \wedge \ldots \wedge p_{\lambda_m} \to p_\lambda$」が成り立つ。

ただし、「$\lambda = \bigvee_{i=1}^{m} \lambda_i.$」。

次に、「パラコンシステンシー」「パラ完全性」についていくつかの結果を議論します。

[定義 **3.5**] 相補性

真理値「$\mu \in \tau$」が「相補性」(complementary property) を満足するのは、「$\lambda \leq \mu$」「$\sim \lambda \leq \mu$」である「λ」が存在するとき。

集合「$\tau' \subseteq \tau$」が「相補性」をもつのは、「μ」が「相補性」を満足する「$\mu \in \tau'$」が存在するとき。

[定義 **3.6**] レンジ

「I」を言語「L」の「解釈」と仮定する。

「I」の「レンジ」(range) は「$range(I)$」と書き、次のように定義される。

$$range(I) = \{\mu \mid (\exists A \in B_L) I(A) = \mu\}$$

ここで、「B_L」は「L」のすべての「グランドアトム」の「集合」を表わす。

「$P\tau$」では、「グランドアトム」は「命題変数」に対応します。

解釈「I」の「レンジ」が「相補性」を満足するならば、次の定理が成立します。

[定理 3.1]

「I」を「$range(I)$」が「相補性」を満足する「解釈」とする。

そうすると、以下を満足する命題変数「p」と「$\mu \in |\tau|$」が存在する。

$$v(p_\mu) = v(\neg p_\mu) = 1$$

「定理 3.1」 は、ある「命題変数」が「真」かつ「偽」、すなわち、「矛盾」の場合がある、ことを述べています。

この事実は、「パラ コンシステンシー」の概念と密接に関連します。

[定義 3.7] ¬-矛盾性

解釈「I」が「**¬-矛盾**」(¬-inconsistent) であることと、「$v(p_\mu) = v(\neg p_\mu) = 1$」を満足する命題変数「$p$」と注釈付き定数「$\mu \in |\tau|$」が存在することは「同値」になる。

「¬-矛盾」は、ある原子式「A」について「A」と「$\neg A$」が同時に真になることを意味します。

以下では、「ノントリビアリティ」「パラコンシステンシー」「パラ完全性」の概念を形式的に定義します。

[定義 3.8] ノントリビアリティ

解釈「I」が「**ノントリビアル**」(non-trivial) であることと、「$v(p_\mu) = 0$」を満足する命題変数「p」と注釈付き定数「$\mu \in |\tau|$」が存在することは「同値」になる。

「定義 3.8」は、「解釈」が「ノントリビアル」ならば必ずしもすべての「原子式」が「妥当」でない、ことを意味します。

[定義 3.9] パラコンシステンシー

解釈「I」が「**パラコンシステント**」(paraconsistent) であることと、「¬-矛盾」かつ「ノントリビアル」であることは「同値」になる。

「$P\tau$」が「**パラ コンシステント**」であることと、「パラ コンシステント」である「$P\tau$」の解釈「I」が存在することは「同値」になる。

「定義 3.9」 は、あるパラ コンシステント解釈「I」では「A」かつ「$\neg A$」が「真」であるが、ある「B」が「偽」である場合を許容します。

[定義 3.10] パラ完全性

解釈「I」が「**パラ コンシステント**」(paracomplete)であることと、「$v(p_\lambda) = v(\neg p_\lambda) = 0$」を満足する命題変数「$p$」と注釈付き定数「$\lambda \in |\tau|$」が存在することは「同値」になる。

「$P\tau$」が「**パラ完全**」であることと、「パラ完全」である「$P\tau$」の解釈「I」が存在することは「同値」になる。

「定義 3.10」 から、パラ完全解釈「I」では「A」「$\neg A$」が「偽」になることが分かります。

「$P\tau$」は「パラ コンシステント」かつ「パラ完全」であれば、「**非真理的**」(non-alethic) と言います。

直観的に言えば、「パラコンシステント論理」は矛盾情報を扱え、「パラ完全論理」は不完全情報を扱えます。

このことは、「注釈付き論理」のような「非真理的論理」は矛盾情報と不完全情報の両方を記述できる、ことを意味します。

*

以下の定理 **3.2** と **3.3** が示すように、「$P\tau$」における「パラコンシステンシー」「パラ完全性」は「τ」の「濃度」に依存します。

[定理 3.2]

「$P\tau$」が「パラコンシステント」であることと、「$card(\tau) \geq 2$」は「同値」になる。

ここで、「$card(\tau)$」は集合「τ」の「濃度」(cardinality) を表わします。

[定理 3.3]

「$card(\tau) \geq 2$」ならば、「パラ完全」な注釈付きシステム「$P\tau$」が存在する。

これら 2 つの定理は、「注釈付き論理」に基づく「非真理的論理」を形式化するには、少なくとも「真理値」の「最小要素」「最大要素」の両方が必要であることを含意します。

*

もっとも単純な「真理値束」は、ベルナップの「$FOUR$」になります (Belnap [35, 36] 参照)。

[定義 3.11]

解釈「I」について、付随する理論「$Th(I)$」は「集合」、

$$Th(I) = Cn(\{p_\mu \mid p \in \mathbf{P} \text{ かつ } I(p) \geq \mu\})$$

として定義できる。

ここで、「Cn」は、「意味論的帰結関係」、

$$Cn(\Gamma) = \{F \mid F \in \mathbf{F} \text{ かつ} \Gamma \models F\}.$$

を表わす。

※なお、「Γ」は、式の「集合」。

「$Th(I)$」は、任意の式の「集合」に拡張できます。

[定理 3.4]

解釈「I」が「¬-矛盾」であることと、
「$Th(\Gamma)$」が「¬-矛盾」であることは、「同値」になる。

[定理 3.5]

解釈「I」が「パラコンシステント」であることと、「$Th(I)$」が「パラコンシステント」であることは同値になる。

*

次の**「補助定理 3.8」**は、同値式の「$\neg$」の範囲における置換は他の「パラコンシステント論理」と同様に「$P\tau$」でも成り立たないことを述べています。

[補助定理 3.8]

「A」を任意の「ハイパー・リテラル」とすると、以下が成り立つ。

(1) $\models A \leftrightarrow ((A \to A) \to A)$
(2) $\not\models \neg A \leftrightarrow \neg(((A \to A) \to A))$
(3) $\models A \leftrightarrow (A \wedge A)$
(4) $\not\models \neg A \leftrightarrow \neg(A \wedge A)$
(5) $\models A \leftrightarrow (A \vee A)$
(6) $\not\models \neg A \leftrightarrow \neg(A \vee A)$

ここで、**(1)(3)(5)** は任意の式「A」について成り立ちますが、**(2)(4)(6)** は成り立ちません。

次の**「定理 3.6」**は、「$P\tau$」と古典命題論理「C」の正断片の関係を表わしています。

[定理 3.6]

「$F_1, ..., F_n$」を「複合式」とし、
「$K(A_1, ..., A_n)$」を「C」の「トートロジー」とする。

※なお、「$A_1, ..., A_n$」その「トートロジー」に出現する唯一の「命題変数」とする。

そうすると、「$K(F_1, ..., F_n)$」は「$P\tau$」で「妥当」になる。

ここで、「$K(F_1, ..., F_n)$」は「K」で、それぞれの「A_i, $1 \leq i \leq n$」の出現を「F_i」で置換したものを表わす。

*

次に、強い否定「$\neg_*$」の性質を示します。

[定理 3.7]

「A, B」を任意の「式」とすると、以下が成り立つ。

(1) $\models (A \to B) \to ((A \to \neg_* B) \to \neg_* A)$
(2) $\models A \to (\neg_* A \to B)$
(3) $\models A \vee \neg_* A$

「定理 3.7」は、「強い否定」が「古典否定」のすべての基本性質をもつことを示しています。

すなわち、**(1)** は、「**背理法**」(reductio ad absurdum) を、**(2)** は「矛盾律」に関連する原理を、**(3)** は「排中律」を表わしています。

※なお、「¬」はこれらの性質をもちません。

＊

また、任意の複合式「A」については、「$\models \neg A \leftrightarrow \neg_* A$」になりますが、任意のハイパー・リテラル「$Q$」については、「$\not\models \neg Q \leftrightarrow \neg_* Q$」になる、ことに注意してください。

これらから、「$P\tau$」は「パラコンシステント」かつ「パラ完全」な「論理」ですが、「強い否定」を追加することで古典論理的な推論ができます。

＊

次に、「$P\tau$」のヒルベルト・スタイルの「公理化」を説明します。

「論理システム」の「公理化」にはいくつかの方法があいますが、それらの1つが「**ヒルベルト・システム**」(Hilbert system) で、「公理」の「集合」と「推論規則」の「集合」によって定義されます。

ここで、「公理」は「妥当」と仮定される「式」であり、「推論規則」はいかに「式」を証明するかを規定します。

「$P\tau$」のヒルベルト・システム「$\mathcal{A}\tau$」では、「A, B, C」を任意の「式」、「F, G」を「複合式」、「p」を「命題変数」、「λ, μ, λ_i」を「注釈付き定数」とします。

*

そうすると、「$\mathcal{A}\tau$」は、以下のように形式化されます (Abe [1] 参照)。

ヒルベルト・システム「$\mathcal{A}\tau$」

($\to_1$) $(A \to (B \to A)$

($\to_2$) $(A \to (B \to C)) \to ((A \to B) \to (A \to C))$

($\to_3$) $((A \to B) \to A) \to A$

($\to_4$) $A, A \to B/B$

($\wedge_1$) $(A \wedge B) \to A$

($\wedge_2$) $(A \wedge B) \to B$

($\wedge_3$) $A \to (B \to (A \wedge B))$

($\vee_1$) $A \to (A \vee B)$

($\vee_2$) $B \to (A \vee B)$

($\vee_3$) $(A \to C) \to ((B \to C) \to ((A \vee B) \to C))$

($\neg_1$) $(F \to G) \to ((F \to \neg G) \to \neg F)$

($\neg_2$) $F \to (\neg F \to A)$

($\neg_3$) $F \vee \neg F$

(τ_1) $p_\perp$

(τ_2) $\neg^k p_\lambda \leftrightarrow \neg^{k-1} p_{\sim\lambda}$

(τ_3) $p_\lambda \to p_\mu, \lambda \geq \mu$

(τ_4) $p_{\lambda_1} \wedge p_{\lambda_2} \wedge \ldots \wedge p_{\lambda_m} \to p_\lambda, \lambda = \bigvee_{i=1}^{m} \lambda_i$

ここで、「($\to_4$)」以外は「公理」です。

「$(\to_4)$」は「モーダス・ポーネンス」(MP) という「推論規則」です。

da Costa, Subrahmanian and Vago [52] は、異なる「公理化」を示していますが、本質的には上記と同じです。

「含意」の「公理」のいくつかが異なります。

すなわち、「$(\to_1)$ $(\to_3)$」は同じですが、残りは次のようになります。

$$(A \to B) \to ((A \to (B \to C)) \to (A \to C))$$

*

多くの古典論理「C」の含意断片の「公理化」が知られています。

「否定」を用いない場合、いわゆる「**パースの法則**」(Pierce's law) という公理「$(\to_3)$」が必要になります。

「$(\neg_1)(\neg_2)(\neg_3)$」では、「F, G」は「複合式」になります。

一般に、「F, G」を制限しなければ「健全」な「規則」にはなりません。

Da Costa, Subrahmanian and Vago [52] は、「$(\tau_1)(\tau_2)$」を連言

形として 1 つの「公理」にしています。

しかし、上記では 2 つの「公理」に分けています。

また、最後の「公理」にも違いがあります。

＊

彼らは「無限束」に対応するため、次のように記述しています。

> すべての「$j \in J$」について「$A \to p_{\lambda_j}$」ならば、「$A \to p_\lambda$」、ただし「$\lambda = \bigvee_{j \in J} \lambda_j$」

「τ」が「有限束」ならば、この「公理」は「(τ_2)」と等しくなります。

通常のように、「$P\tau$」における「統語的帰結関係」(syntacticconsequence relation) を定義できます。

「Γ」を「式」の「集合」とし、「G」を「式」とします。

「G」が「Γ」の「統語的帰結関係」であることは「$\Gamma \vdash G$」と書き、以下の条件と「同値」になります。

「式」の有限列「$F_1, F_2, ..., F_n$」が存在し、「F_i」が「Γ」に属すか、または、「F_i」が「公理」($1 \leq i \leq n$)、または、「F_j」が先行す

る 2 つの「式」の「$(\to_4)$」による直接的な「帰結」になります。

この定義は、「n」が「順序数」である超限的な場合に拡張できます。

「$\Gamma = \emptyset$」、すなわち、「$\vdash G$」ならば、「G」は「P_T」の「**定理**」になります。

*

「Γ, Δ」を「式」の「集合」、「A, B」を「式」とすると、帰結関係「$\vdash$」は、以下の条件を満足します。

> **(1)** 「$\Gamma \vdash A$」「$\Gamma \subset \Delta$」ならば「$\Delta \vdash A$」
>
> **(2)** 「$\Gamma \vdash A$」「$\Delta, A \vdash B$」ならば「$\Gamma, \Delta \vdash B$」
>
> **(3)** 「$\Gamma \vdash A$」ならば「$\Delta \vdash A$」である有限集合「$\Delta \subset \Gamma$」が存在する。

上記の「ヒルベルト・システム」では、いわゆる「**演繹定理**」(dedution theorem) が成り立ちます。

> [定理 **3.8**] 演繹定理
>
> 「Γ」を「式」の「集合」、「A, B」を「式」とすると、以下が成り立つ。
>
> $$\Gamma, A \vdash B \Rightarrow \Gamma \vdash A \to B$$

＊

以下は、「強い否定」に関するいくつかの定理です。

[定理 3.9]

「A」「B」を任意の「式」とすると、以下が成り立つ。

(1) $\vdash A \vee \neg_* A$

(2) $\vdash A \to (\neg_* A \to B)$

(3) $\vdash (A \to B) \to ((A \to \neg_* B) \to \neg_* A)$

「**定理 3.9**」から、「**定理 3.10**」が導かれます。

[定理 3.10]

「A」「B」を任意の「式」とすると、以下が成り立つ。

(1) $\vdash \neg_*(A \wedge \neg_* A)$

(2) $\vdash A \leftrightarrow \neg_* \neg_* A$

(3) $\vdash (A \wedge B) \leftrightarrow \neg_*(\neg_* A \vee \neg_* B)$

(4) $\vdash (A \to B) \leftrightarrow (\neg_* A \vee B)$

(5) $\vdash (A \vee B) \leftrightarrow \neg_*(\neg_* A \wedge \neg_* B)$

「**定理 3.10**」は、「強い否定」と 1 つの「論理記号」によって、他の「論理記号」が「古典論理」と同様に定義できることを意味しています。

「$\tau = \{t, f\}$」とし、他の操作を適切に定義すれば、「$\neg_*$」が「古典否定」である「古典命題論理」を得ます。

では、「完全性」「決定可能性」を含む「$P\tau$」のいくつかの形式的結果を示します。

[補助定理 3.9]

「p」を「命題変数」、「$\mu, \lambda, \theta \in |\tau|$」とすると、以下が成り立つ。

(1) $\vdash p_{\lambda\vee\mu} \to p_\lambda$

(2) $\vdash p_{\lambda\vee\mu} \to p_\mu$

(3) 「$\lambda \geq \mu$」「$\lambda \geq \theta$」$\Rightarrow \vdash p_\lambda \to p_{\mu\vee\theta}$

(4) $\vdash p_\mu \to p_{\mu\wedge\theta}$.

(5) $\vdash p_\theta \to p_{\mu\wedge\theta}$.

(6) 「$\lambda \leq \mu$」「$\lambda \leq \theta$」$\Rightarrow \vdash p_{\mu\wedge\theta}$

(7) $\vdash p_\mu \leftrightarrow p_{\mu\vee\mu}$, $\vdash p_\mu \leftrightarrow p_{\mu\wedge\mu}$

(8) $\vdash p_{\mu\vee\lambda} \leftrightarrow p_{\lambda\vee\mu}$, $\vdash p_{\mu\wedge\lambda} \leftrightarrow p_{\lambda\wedge\mu}$

(9) $\vdash p_{(\mu\vee\lambda)\vee\theta}{}^{\vee} \to p_{\mu\vee(\lambda\vee\theta)}$,
$\vdash p_{(\mu\wedge\lambda)\wedge\theta}{}^{\vee} \to p_{\mu\wedge(\lambda\wedge\theta)}$

(10) $\vdash p_{(\mu\vee\lambda)\wedge\mu} \to p_\mu$, $\vdash p_{(\mu\wedge\lambda)\vee\mu} \to p_\mu$

(11) $\lambda \leq \mu \Rightarrow \vdash p_{\lambda\vee\mu} \to p_\mu$

(12) $\lambda \vee \mu = \mu \Rightarrow \vdash p_\mu \to p_\lambda$

(13) $\mu \geq \lambda \Rightarrow$ 「$\forall\theta \in |\tau|$ ($\vdash p_{\mu\vee\theta} \to p_{\lambda\vee\theta}$)
」「$\vdash p_{\mu\wedge\theta} \to p_{\lambda\wedge\theta}$)」

(14) 「$\mu \geq \lambda$」「$\theta \geq \varphi$」$\Rightarrow$ 「$\vdash p_{\mu\vee\theta} \to$

$p_{\lambda\vee\varphi}$」「$p_{\mu\wedge\theta} \to p_{\lambda\wedge\varphi}$」

(15) $\vdash p_{\mu\wedge(\lambda\vee\theta)} \to p_{(\mu\wedge\lambda)\vee(\mu\wedge\theta)}$,

$\vdash p_{\mu\vee(\lambda\wedge\theta)} \to p_{(\mu\vee\lambda)\wedge(\mu\vee\theta)}$

(16) $\vdash p_\mu \wedge p_\lambda \leftrightarrow p_{\mu\wedge\lambda}$

(17) $\vdash p_{\mu\vee\lambda} \to p_\mu \vee p_\lambda$

完備束「$\tau = N \cup \{\omega\}$」(「N」は「自然数」の「集合」)を考えます。

「τ」上の「順序関係」を集合「τ」に制限した「順序数」上の通常の「順序関係」とします。

集合「$\Gamma = \{p_0, p_1, p_2, ...\}$」(「$p_\omega \notin \Gamma$」)を考えます。

そうすると、明らかに「$\Gamma \vdash p_\omega$」になりますが、「無限演繹」が必要になります。

[定義 **3.12**]

$\overline{\Delta} = \{A \in \mathbf{F} \mid \Delta \vdash A\}$

[定義 **3.13**]

「Δ」が「トリビアル」であることと、「$\overline{\Delta} = \mathbf{F}$」(すなわち、すべての「式」が「$\Delta$」」の「統語的帰結」)は『同値』になる。

そうでない場合、「Δ」は「非トリビアル」と言う。

「Δ」が「矛盾」であることと、「$\Delta \vdash A$」「$\Delta \vdash \neg A$」を満足するある式「A」が存在することは「同値」になる。

「Δ」は「矛盾」でなければ、「無矛盾」になる。

「トリビアリティ」の定義から、以下の結果が導かれます。

[定理 3.11]

「Δ」が「トリビアル」であることと、ある式「A」について「$\Delta \vdash A \wedge \neg A$」(または「$\Delta \vdash A$」「$\Delta \vdash \neg_* A$」)は「同値」になる。

[定理 3.12]

「Γ」を「式」の「集合」とし、「A, B」を任意の「式」とし、「F」を任意の「複合式」とする。

そうすると、以下が成り立つ。

(1) 「$\Gamma \vdash A$」「$\Gamma \vdash A \to B$」$\Rightarrow \Gamma \vdash B$

(2) $A \wedge B \vdash A$

(3) $A \wedge B \vdash B$

(4) $A, B \vdash A \wedge B$

(5) $A \vdash A \vee B$

(6) $B \vdash A \vee B$

(7) 「$\Gamma, A \vdash C$」「$\Gamma, B \vdash C$」$\Rightarrow$
$\Gamma, A \vee B \vdash C$

(8) $\vdash F \leftrightarrow \neg_* F$

(9) 「$\Gamma, A \vdash B$」「$\Gamma, A \vdash \neg_* B$」$\Rightarrow$
$\Gamma \vdash \neg_* A$

(10) 「$\Gamma, A \vdash B$」「$\Gamma, \neg_* A \vdash B$」$\Rightarrow \Gamma \vdash B.$

ここで、**(10)** は、「$\neg_*$」を「$\neg$」に置き換えると成り立ちません。

では、「$P\tau$」の「健全性」と「完全性」を証明します。

これらの証明は、「式」の「極大ノントリビアル集合」に基づきます (Abe [1],Abe, Akama and Nakamatsu [2])。

※なお、da Costa, Subrahmanianand Vago [52] は、「ツォルン (Zorn) の補助定理」を用いた別証明を示しています。

[定理 3.13]

「Γ」を「式」の「集合」とし、「A」を任意の「式」とし、「F」を任意の「複合式」とする。

そうすると、「$\mathcal{A}\tau$」は「$P\tau$」の「健全」な「公理化」になる。

すなわち、「$\Gamma \vdash A$」ならば「$\Gamma \models A$」が成り立つ。

「完全性」を証明するには、いくつかの定理が必要になります。

[定理 3.14]

「Γ」を「式」の「ノントリビアル集合」とし、「τ」を有限と仮定する。

そうすると、「Γ」は「$\mathbf{F}$」についての(「集合」の「包含関係」についての)「極大ノントリビアル集合」に拡張できる。

[定理 3.15]

「Γ」を「式」の「極大ノントリビアル 集合」とすると、以下が成り立つ。

(1) 「A」が「$P\tau$」の「公理」ならば
「$A \in \Gamma$」

(2) 「$A, B \in \Gamma$」$\Leftrightarrow$ 「$A \wedge B \in \Gamma$」

(3) 「$A \vee B \in \Gamma$」$\Leftrightarrow$ 「$A \in \Gamma$」または「$B \in \Gamma$」

(4) 「$p_\lambda, p_\mu \in \Gamma$」ならば「$p_\theta \in \Gamma$」(ただし「$\theta = max(\lambda, \mu$」)

(5) 「$\neg^k p_\mu \in \Gamma$」$\Leftrightarrow$ $\neg^{k-1} p_{\sim\mu} \in \Gamma$ (ただし「$k \geq 1$」)

(6) 「$A, A \rightarrow B \in \Gamma$」ならば「$B \in \Gamma$」または「$B \in \Gamma$」

[定理 **3.16**]

「Γ」を「式」の「極大ノントリビアル 集合」とすると、「Γ」の特徴関数「χ」、すなわち、「$\chi_\Gamma \rightarrow \mathbf{2}$」は、ある解釈「$I : \mathbf{P} \rightarrow |\tau|$」の評価関数になる。

次の定理は、「$P\tau$」の「完全性定理」です。

[定理 **3.17**] 完全性定理

「Γ」を「式」の「集合」、「A」を任意の「式」とする。

「τ」が有限ならば、「$\mathcal{A}\tau$」「$P\tau$」の「完全」な「公理化」になる。

すなわち、「$\Gamma \models A$」ならば「$\Gamma \vdash A$」が成り立つ。

「決定可能性定理」も成り立ちます。

> **[定理 3.18]** 決定可能性定理
>
> 「τ」が有限ならば、「$P\tau$」は「決定可能」。

「完全性」は「無限束」では一般には成り立ちませんが、特別な場合には成り立ちます。

> **[定義 3.14]** 有限注釈性
>
> 「Γ」を「式」の「集合」、「Γ」に出現する「注釈付き定数」は「τ」の有限サブ構造に含まれる、と仮定する（「Γ」自体無限になるかもしれない)。
>
> この場合、「Γ」は、「有限注釈性」(finite annotation property) をもつ、と言う。

*

「τ'」が「τ」の「サブ構造」ならば、「τ'」は操作「$\sim, \vee, \wedge$」について閉じるので、**「定理 3.17」**から、以下の**「定理 3.19」**が容易に得られます。

> **[定理 3.19]** 有限完全性
>
> 「Γ」が「有限注釈性」をもつ、と仮定する。
>
> そうすると、「A」を「$\Gamma \vdash A$」である任意の「式」すると、「Γ」から「A」の有限の「証明」が存在する。

「定理 3.19」は、「$P\tau$」のベースの「真理値」の「集合」が(可算または非可算)無限だとしても、「理論」が「有限注釈性」をもてば、「完全性」の結果、すなわち、「$\mathcal{A}\tau$」がそのような「理論」について「完全」であることを意味します。

*

一般に、「有限注釈性」をもたない「理論」を扱う場合、「完全性」を保証するには、ダコスタ [48] が「無限言語」の特定族のある「モデル」を扱う規則と類似した新しい無限規則 (ω-規則) を追加する必要があるかもしれません。

そのような場合の好ましい「$P\tau$」の「公理化」は有限でないことに注意してください。

「コンパクト性」の古典論理的 結果から、**[定理 3.20]** の形の「コンパクト性定理」を得ます。

> **[定理 3.20]** 弱コンパクト性
>
> 「Γ」が「有限注釈性」をもつと仮定する。
>
> そうすると、「A」を「$\Gamma \vdash A$」である任意の「式」とすると、「$\Gamma' \vdash A$」である「Γ」の有限部分集合「Γ'」が存在する。

*

注釈付き論理「$P\tau$」は、一般的枠組みを提供し、多くの異なる「論理」の「推論」に利用できます。

以下では、いくつかの例を示します。

*

真理値集合「$FOUR = \{t, f, \bot, \top\}$」において否定「$\neg$」を「$\neg t = f, \neg f = t, \neg\bot = \bot, \neg\top = \top$」のように定義します。

「$FOUR$」に基づく「4 値論理」はコンピュータの内部状態をモデル化するため、元来、ベルナップ [35, 36] によって提案されました。

*

サブラマニアン [181] は、「$FOUR$」に基づく「注釈付き論理」を「パラコンシステント論理プログラミング」の基礎として提案しました (Blair and Subrahmanian [39] 参照)。

彼らの「注釈付き論理」は、矛盾する「知識ベース」における「推論」にも用いることができます。

*

たとえば、「論理プログラム」を、次の形の「式」の有限集合とすることができます。

$$(A : \mu_0) \leftarrow (B_1 : \mu_1)\&...\&(B_n : \mu_n)$$

ここで、「A」と「B_i $(1 \leq i \leq n)$」は「原子式」を、「μ_j」$(0 \leq j \leq n)$ は「$FOUR$」の「真理値」を表わします。

*

直観的には、このような「プログラム」は"直観的"な「矛盾」を含むかもしれません。

たとえば、対「$((p:f),(p:t))$」は「矛盾」します。

この「プログラム」を「無矛盾」なプログラム「P」に連結すると、これら 2 つの「プログラム」の「結合」の結果は、プログラム「P」で述語記号「p」がどこにも出現しなくても、「矛盾」になります。

このような「矛盾」は、「知識ベースシステム」では容易に起こり得ますが、「プログラム」の意味を「トリビアル」にすべきではありません。

しかし、「古典論理」に基づく「知識ベースシステム」は、「プログラム」は「トリビアル」なので、この状況を扱うことはできません。

*

Blair and Subrahmanian [39] では、4 値注釈付き論理がいかにこの状況を記述するのに用いることができるかが示されています。

後に、彼らの「注釈付き論理」は、Kifer and Subrahmanian [91] によって、「一般化注釈付き論理」(generalized annotated logics) に拡張されました。

*

「注釈付き論理」によって扱える他の例もあります。

真理値集合「$FOUR$」に「ブール補元」として定義される「否定」を追加したものは」、「注釈付き論理」を構成します。

「真理値」の単一区間「$[0,1]$」に「$\neg x = 1 - x$」に追加したものは、「量的推論」や「ファジー推論」のための「注釈付き論理」のベースになります。

この意味で、「確率論理」および「ファジー論理」は、「注釈付き論理」として一般化されます。

*

「真理値」の区間「$[0,1] \times [0,1]$」は、「証拠推論」の「注釈付き論理」のために用いることができます。

ここで、命題「p」への真理値「(μ_1, μ_2)」の「割当」は、「p」の信念度が「μ_1」、非信念度が「μ_2」と解釈できます。

そして、「否定」は「$\neg(\mu_1, \mu_2) = (\mu_2, \mu_1)$」で定義されます。

※なお、命題「p」への「$[\mu_1, \mu_2]$」の「割当」は、必ずしも条件「$\mu_1 + \mu_2 \leq 1$」を満足する必要がないことに注意してください。

この制約は、「確率推論」とは対照的です。

特定領域の「知識」は、その領域の異なる専門家によって収集されるかもしれず、彼らの見解は異なるかもしれません。

これらの見解のいくつかは「命題」では'強い'信念で、他の専門家は同じ「命題」の'強い'非信念をもつかもしれません。

このような状況では、見解の対立をアドホックに解消するより、対立見解の存在を報告するほうが、より適切と思われます。

すでに述べたように、da Costa, Subrahmanian and Vago [52] は、命題注釈付き論理「$P\tau$」を研究し、それらの述語拡張「$Q\tau$」(「$Q\mathcal{T}$」)を提案しています。

※なお、「$Q\tau$」の詳細な形式化は、da Costa, Abe,and Subrahmanian [50] に見られます (Abe [1] 参照)。

しかし、ここでは「$Q\tau$」の解説は省略します。

＊

以上で、「非古典論理」の解説を終わります。

「ラフ集合理論」に関連する「非古典論理」のみを扱いました。

これらは、**第 4 章** (第 2 巻収録) で議論するように、「ラフ集合論理」の基礎になります。

参考文献

[1] Abe, J. M.: ***On the Foundations of Annotated Logics*** (in Portuguese), Ph.D. Thesis, University of São Paulo, Brazil, 1992.

[2] Abe, J.M., Akama, S. and Nakamatsu, K.: ***Intro duction to Annotated Logics***, Springer, Heidelberg, 2015.

[3] Adriaans, P. and Zantinge, D.: ***Data Mining***, Addison-Wesley, Reading, Mass., 1996.（山本, 梅村（訳）: "データマイニング", 共立出版, 1998.）

[4] Agrawal, R., Imielinski,T. and Swami, A.: Mini ng association rules between sets of items in lar ge databases. ***Proc. ACM SIGMOD Conf. on Mana gement of Data***, 207--216, 1993.

[5] Akama, S.: Resolution in constructivism, ***Logiq ue et Analyse*** **120** (1987), 385--399.

[6] Akama, S.: Constructive predicate logic with str ong negation and model theory, ***Notre Dame Jour nal of Formal Logic*** **29** (1988), 18--27.

[7] Akama, S.: On the proof method for constructive falsity, ***Zeitschrift für mathematische Logik und Gru ndlagen der Mathematik*** **34** (1988), 385--392.

[8] Akama, S.: Subformula semantics for strong ne gation systems, ***Journal of Philosophical Logic*** **19** (1990), 217--226.

[9] Akama, S.: ***Constructive Falsity: Foundations and Their Applications to Computer Science***, Ph.D. Thes is, Keio University, Yokohama, Japan, 1990.

[10] Akama, S.: The Gentzen-Kripke construction of the intermediate logic LQ, ***Notre Dame Journal of Formal Logic*** **33** (1992), 148--153.

[11] Akama, S.: Nelson's paraconsistent logics, ***Log ic and Logical Philosophy*** **7** (1999), 101--115.

[12] Akama, S. and Murai, T.: Rough set semantics for three-valued logics, K. Nakamatsu and J.M. Abe (eds.), ***Advances in Logic Based Intelligent Sy stems***, 242--247, IOS Press, Amsterdam, 2005.

[13] Akama, S., Murai, T. and Kudo, Y.: Heyting-Brouwer rough set logic, ***Proc. of KSE2013***, 135--145, Hanoi, Springer, Heidelberg, 2013.

[14] Akama, S., Murai, T. and Kudo, Y.: Da Costa lo gics and vagueness, ***Proc. of GrC2014***, Noboribe tsu, Japan, 2014.

[15] Akama, S., Murai, T. and Kudo, Y.: ***Reasoning with Rough Sets***, Springer, Heidelberg, 2018.

[16] 赤間世紀: Prolog で学ぶ AI プログラミング, 2008, 工学社.

[17] 赤間世紀: **人工知能教科書**, 2012, 工学社.

[18] Almukdad, A. and Nelson, D.: Constructible fal sity and inexact predicates, ***Journal of Symbolic Logic*** **49** (1984), 231--233.

[19] Anderson, A. and Belnap, N.: ***Entailment: The Logic of Relevance and Necessity I***, Princeton Uni versity Press, Princeton, 1976.

[20] Anderson, A., Belnap, N. and Dunn, J.: ***Entailm ent: The Logic of Relevance and Necessity II***, Princ eton University Press, Princeton, 1992.

[21] Apt, K., Blair, H. and Walker, A.: Towards a th eory of declarative knowledge, J. Minker (ed.), ***Foundations of Deductive Databases and Logic Pro gramming***, 89--148, Morgan Kaufmann, Los Alt os, 1988.

[22] Arieli, O. and Avron, A.: Reasoning with logical bilattices, ***Journal of Logic, Language, and Inform ation*** **5** (1996), 25--63.

[23] Arieli, O. and Avron, A.: The value of fur valu es, ***Artificial Intelligence*** **102** (1998), 97--141.

[24] Apt, K.R. and van Emden, M.H.: Contributions to the theory of logic programming, ***Journal of the ACM*** **29** (1982), 841--862.

[25] Armstrong, W.: Dependency structures in data base relationships, ***IFIP'74***, 580--583, 1974.

[26] Arruda, A. I.: A survey of paraconsistent logic, A. Arruda, N. da Costa and R. Chuaqui (eds.), ***Mathematical Logic in Latin America***, North-Holland, Amsterdam, 1--41, 1980.

[27] Atnassov, K: ***Intuitionistic Fuzzy Sets***, Physica, Haidelberg, 1999.

[28] Asenjo, F.G.: A calculus of antinomies, ***Notre Dame Journal of Formal Logic*** 7 (1966), 103--105.

[29] Avron, A. and Konikowska, B.: Rough sets and 3-valued logics, ***Studia Logica*** **90** (2008), 69--92.

[30] Avron, A. and Lev, I.: Non-deterministic multiple-valued structures, ***Journal of Logic and Computation*** **15** (2005), 241--261.

[31] Balbiani, P.: A modal logic for data analysis, ***Proc. of MFCS'96***, 167--179, LNCS 1113, Springer, Berlin.

[32] Batens, D.: Dynamic dialectical logics, G. Priest, R. Routley and J. Norman (eds.), ***Paraconsistent Logic: Essay on the Inconsistent***, 187--217, Philosophia Verlag, München, 1989.

[33] Batens, D.: Inconsistency-adaptive logics and the foundation of non-monotonic logics, ***Logique et Analyse*** **145** (1994), 57--94.

[34] Batens, D.: A general characterization of adaptive logics, ***Logique et Analyse*** **173-175** (2001), 45--68.

[35] Belnap, N.D.: A useful four-valued logic, J.M. Dunn and G. Epstein (eds.), ***Modern Uses of Multi-Valued Logic***, pp. 8--37, Reidel, Dordrecht, 1977.

[36] Belnap, N.D.: How a computer should think, G. Ryle (ed.), ***Contemporary Aspects of Philosophy***, 30--55, Oriel Press, 1977.

[37] Besnard, P.: ***Introduction to Default Logic***, Springer, Berlin, 1989.

[38] Bit, M. and Beaubouef, T.: Rough set uncertainty for robotic systems, ***Journal of Computing Systems in Colleges*** **23** (2008), 126--132.

[39] Blair, H.A. and Subrahmanian, V. S.: Paraconsistent logic programming, ***Theoretical Computer Science***, **68** (1989), 135--154.

[40] Carnielli, W., Coniglio, M. and Marcos, J.: Logics of formal inconsistency, D.Gabbay and F. Guenthner (eds.), ***Handbook of Philosophical Logic, vol. 14***, Second Edition, 1--93, Springer, Heidelberg, 2007.

[41] Carnielli, W. and Marcos, J.: Tableau systems for logics of formal inconsistency, H.R. Abrabnia (ed.), ***Proc. of the 2001 International Conference on Artificial Intelligence, vol. II***, 848--852, CSREA Press, 2001.

[42] Chellas, B.: ***Modal Logic: An Introduction***, Cambridge University Press, Cambridge, 1980.

[43] Clark, K.: Negation as failure, H. Gallaire and J. Minker (eds.), ***Logic and Data Bases***, 293-322, Plenum Press, New York, 1978.

[44] Codd, E.: A relational model of data for large shared data banks, ***Communications of the ACM*** **13** (1970), 377--387.

[45] Colmerauer, A., Kanoui, H., Pasero, R. and Roussel, P.: Un Systeme de Comunication Homme-machine en Fracais, Universite d'Aix Marseille, 1973.

[46] Cornelis, C., De Cock, J. and Kerre, E.: Intuitionistic fuzzy rough sets: at the crossroads of imperfect knowledge, ***Expert Systems***, **20** (2003), 260--270.

[47] de Caro, F.: Graded modalities II, ***Studia Logica***, **47** (1988), 1--10.

[48] da Costa, N.C.A.: α-models and the system T and T^*, ***Notre Dame Journal of Formal Logic***, **14** (1974), 443--454.

[49] da Costa, N.C.A.: On the theory of inconsistent formal systems, ***Notre Dame Journal of Formal Logic***, **15** (1974), 497--510.

[50] da Costa, N.C.A., Abe, J.M. and Subrahmanian, V.S.: Remarks on annotated logic, ***Zeitschrift für mathematische Logik und Grundlagen der Mathematik*** **37** (1991), 561--570.

[51] da Costa, N.C.A. and Alves, E.H.: A semantical analysis of the calculi C_n, ***Notre Dame Journal of Formal Logic*** **18** (1977), 621--630.

[52] da Costa, N.C.A., Subrahmanian, V.S. and Vago, C.: The paraconsistent logic *PT*, ***Zeitschrift für mathematische Logik und Grundlagen der Mathematik*** **37** (1991), 139--148.

[53] Dempster, A.P.: Upper and lower probabilities induced by a multivalued mapping, ***Annals of Mathematical Statistics*** **38** (1967), 325--339.

[54] Dubois,D. and Prade,H.: ***Possibility Theory: An Approach to Computerized Processing of Uncertainty***, Springer, Berlin, 1988.

[55] Dubois, D. and Prade, H.: Rough fuzzy sets and fuzzy rough sets, ***International Journal of General Systems*** **17** (1989), 191--209.

[56] Dummett, M.: A propositional calculus with denumerable matrix, ***Journal of Symbolic Logic*** **24** (1959), 97--106.

[57] Dunn, J.M.: Relevance logic and entailment, D. Gabbay and F. Gunthner (eds.), ***Handbook of Philosophical Logic, vol. III***, 117--224, Reidel, Dordrecht, 1986.

[58] Düntsch, I., A logic for rough sets. ***Theoretical Computer Science*** **179** (1997), 427--436.

[59] Etherington, D.W.: ***Reasoning with Incomplete In formation***, Pitman, London, 1988.

[60] Fagin, R., Halpern, J., Moses, Y. and Vardi, M.: ***Reasoning about Knowledge***, MIT Press, Cambrid ge, Mass., 1995.

[61] Fariñas del Cerro, L. and Orlowska, E.: DAL-a logic for data analysis, ***Theoretical Computer Scie nce*** **36** (1985), 251--264.

[62] Fattorosi-Barnaba, M. and Amati, G.: Modal op erators with probabilistic interpretations I, ***Stu dia Logica*** **46** (1987), 383--393.

[63] Fattorosi-Barnaba, M. and de Caro, F.: Graded modalities I, ***Studia Logica*** **44** (1985), 197--221.

[64] Fattorosi-Barnaba, M. and de Caro, F.: Graded modalities III, ***Studia Logica*** **47** (1988), 99-110.

[65] Fitting, M.: ***Intuitionisic Logic, Model Theory and Forcing*** North-Holland, Amsterdam, 1969.

[66] Fitting, M.: Bilattices and the semantics of log ic programming, ***Journal of Logic Programming*** **11** (1991), 91--116.

[67] Fitting, M.: A theory of truth that prefers false hood, ***Journal of Philosophical Logic*** **26** (1997), 477--500.

[68] Gabbay, D.: Theoretical foundations for non-monotonic reasoning in expert systems, K.R. Apt (ed.), ***Logics and Models of Concurrent Syste ms***, 439--459, Springer, 1984.

[69] Ganter, B. and Wille, R.: ***Formal Concept Analys is***, Springer, Berlin, 1999.

[70] Gärdenfors, P.: ***Knowledge in Flux: Modeling the Dynamics of Epistemic States***, MIT Press, Cambri dge, Mass, 1988.

[71] Gentzen, G. ***Collected Papers of Gerhard Gentzen***, edited by M.E. Szabo, North-Holland, Amsterd am, 1969.

[72] Gelfond, M. and Lifschitz, V.: The stable mod el semantics for logic programming, ***Proc. of ICLP'88***, 1070--1080, 1988.

[73] Gelfond, M. and Lifschitz, V.: Logic programs with classical negation, ***Proc. of ICLP'90***, 579--597, 1990.

[74] Ginsberg, M.: Multivalued logics, ***Proc. of AAAI'86***, 243--247, Morgan Kaufman, Los Alt os, 1986.

[75] Ginsberg, M.: Multivalued logics: a uniform ap proach to reasoning in AI, ***Computational Intellig ence*** **4** (1988), 256--316.

[76] Halpern, J. and Moses, Y.: Towards a theory of knowledge and ignorance: preliminary report, Apt, K. (ed.), ***Logics and Models of Concurrent Sy stems***, 459--476, Springer, Berlin, 1985.

[77] Halpern, J. and Moses, Y.: A theory of knowle dge and ignorance for many agents, ***Journal of Logic and Computation***, **7** (1997), 79--108.

[78] Heyting, A.: ***Intuitionism***, North-Holland, Amste rdam, 1952.

[79] Hintikka, S.: ***Knowledge and Belief***, Cornell Uni versity Press, Ithaca, 1962.

[80] Hirano, S. and Tsumoto, S.: rough representati on of a region of interest in medical images, ***In ternational Journal of Approximate Reasoning*** **40** (2005), 23--34.

[81] Hughes, G. and Cresswell, M.: ***An Introduction to Modal Logic***, Methuen, London, 1968.

[82] Hughes, G. and Cresswell, M.: ***A New Introducti on to Modal Logic***, Routledge, New York, 1996.

[83] Iturrioz, L.; Rough sets and three-valued str uctures, E. Orlowska (ed.), ***Logic at Work: Es says Dedicated to the Memory of Helena Rasiowa***, Physica-Verlag, Heidelberg, 596--603, 1999.

[84] Iwinski, T.: Algebraic approach to rough sets, ***Bulletin of Polish Academy of Mathematics***, **37** (1987), 673--683.

[85] Jaffar, J., Lassez, J.-L. and Lloyd, J.: Complete ness of the negation as failure rule, ***Proc. of IJC AI'83***, 500--506, 1983.

[86] Järvinen, J., Pagliani, P. and Radeleczki, S.: Inf ormation completeness in Nelson algebras of ro ugh sets induced by quasiorders, ***Studia Logica***, **101** (2013), 1073--1092.

[87] Jaśkowski, S.: Propositional calculus for contr adictory deductive systems (in Polish), ***Studia Societatis Scientiarun Torunesis, Sectio A***, **1** (1948), 55--77.

[88] Jaśkowski, S.: On the discursive conjunction in the propositional calculus for inconsistent dedu ctive systems (in Polish), ***Studia Societatis Scien tiarun Torunesis, Sectio A***, **8** (1949), 171--172.

[89] Katsuno, H. and Mendelzon, A.: Propositional knowledge base revision and minimal change, ***Artificial Intelligence***, **52** (1991), 263--294.

[90] Katsuno, H. and Mendelzon, A.: On the differen ce between updating a knowledge base and revi sing it, belief revision, P. Gärdenfors (ed.). ***Beli ef Revision***, Cambridge University Press, Cambr idge, 1992.

[91] Kifer, M. and Subrahmanian, V. S.: On the expr essive power of annotated logic programs, ***Proc. of the 1989 North American Conference on Logic Pr ogramming***, 1069--1089, 1989.

[92] Kleene, S.: ***Introduction to Metamathematics***, North-Holland, Amsterdam, 1952.

[93] Konikowska, B.: A logic for reasoning about rel ative similarity, ***Studia Logica*** **58** (1997), 185--228.

[94] Konolige, K.: On the relation between default and autoepistemic logic, ***Artificial Intelligence***, **35** (1989), 343--382.

[95] Kotas, J.: The axiomatization of S. Jaskowski's discursive logic, ***Studia Logica***, **33** (1974), 195--200.

[96] Kowalski, R.: Predicate logic as a programming language, ***Proc. of IFIP'74***, 569--574, 1974.

[97] Kowalski, R.: ***Logic for Problem Solving***, North-Holland, Amsterdam, 1979.

[98] Kowalski, R. and Sadri, F.: Logic programs with exceptions, ***Proc. of ICLP'90***, 598--613, 1990.

[99] Kraus, S., Lehmann, D. and Magidor, M.: Non-monotonic reasoning, preference models and cumulative reasoning, ***Artificial Intelligence***, **44** (1990), 167--207.

[100] Krisel, G. and Putnam, H.: Eine unableitbark eitsbeuwesmethode für den intuitinistischen Aussagenkalkul, ***Archiv für mathematische Log ik und Grundlagenforschung*** **3** (1967), 74--78.

[101] Kripke, S.: A complete theorem in modal logic, ***Journal of Symbolic Logic***, **24** (1959), 1--24.

[102] Kripke, S.: Semantical considerations on mod al logic, ***Acta Philosophica Fennica***, **16** (1963), 83--94.

[103] Kripke, S.: Semantical analysis of modal logic I, ***Zeitschrift für mathematische Logik und Grundl agen der Mathematik***, **8** (1963), 67--96.

[104] Kripke, S.: Semantical analysis of intuitionist ic logic, J. Crossley ad M. Dummett (eds.), ***Fo rmal Systems and Recursive Functions***, 92--130, North-Holland, Amsterdam, 1965.

[105] Kripke, S.: Outline of a theory of truth, ***Journ al of Philosophy*** **72** (1975), 690--716.

[106] Kudo, Y., Murai, T. and Akama, S.: A granularity-based framework of deduction, induction, and abduction, ***International Journ al of Approximate Reasoning*** **50** (2009), 1215--1226.

[107] Kudo, Y., Amano, S., Seino, T. and Murai, T.: A simple recommendation system based on ro ugh set theory, ***Kansei Engineering*** **6** (2006), 19--24.

[108] Lewis, D.: ***Counterfactuals***. Blackwell, Oxford, 1973.

[109] Lehmann, D. and Magidor, M.: What does a co nditional knowledge base entail?, ***Artificial Int elligence*** **55** (1992), 1--60, 1992.

[110] Levesque, H.: All I know: a study in autoepi stemic logic, ***Artificial Intelligence***, **42** (1990), 263--309.

[111] Liau, C.-J.: An overview of rough set sema ntics for modal and quantifier logics, ***Inter national Journal of Uncertainty, Fuzziness and Knowledge-Based Systems***, **8** (2000), 93--118.

[112] Lifschitz, V.: Computing circumscription, ***Proc. of IJCAI'85***, 121--127, 1985.

[113] Lin, T.: Granular computing on baniary rel ation, I \& II, Polkowski et al. (ed.), ***Rough Sets in Knowledge Discovery***, 107--121, 122--140, Physica-Verlag, 1998.

[114] Lin, T. and Cercone, N. (eds.): ***Rough Sets and Data Mining***, Spriner, Berlin, 1997.

[115] Lloyd, J.: ***Foundations of Logic Programming***, Springer, Berlin, 1984.

[116] Lloyd, J.: ***Foundations of Logic Programming***, Second Edition, Springer, Berlin, 1987.

[117] Łukasiewicz, J.:. On 3-valued logic,1920, S. McCall (ed.), ***Polish Logic***, 16--18, Oxford Uni versity Press, Oxford, 1967.

[118] Lukasiewicz, J.: Many-valued systems of pro positional logic, 1930, S. McCall (ed.), ***Polish Logic***, Oxford University Press, Oxford, 1967.

[119] Lukasiewicz, W.: Considerations on default lo gic, ***Computational Intelligence***, **4** (1988), 1--16.

[120] Lukasiewicz, W.: ***Non-Monotonic Reasoning: Fo undation of Commonsense Reasoning***, Ellis Horw ood, New York, 1992.

[121] Makinson, D.: General theory of cumulative inference, ***Proc. of the 2nd International Worksh op on Non-Monotonic Reasoning***, 1--18, Spring er, 1989.

[122] Makinson, D.: General patterns in nonmonoto nic reasoning, D. Gabbay, C. Hogger and J.A. Robinson (eds.), ***Handbook of Logic in Artificial Intelligence and Logic Programming, vol. 3***, 25--110, Oxford University Press, Oxford, 1994.

[123] Marek, W., Shvartz, G. and Truszczynski, M.: Modal nonmonotonic logics: ranges, character ization, computation, ***Proc. of KR'91***, 395--404, 1991.

[124] Mendelson, E.: ***Introduction to Mathematical Lo gic***, 3rd Edition, Wadsworth and Brooks, Mont erey, 1987

[125] McCarthy, J.; Circumscription - a form of non-monotonic reasoning, ***Artificial Intelligence***, **13** (1980) 27--39.

[126] McCarthy, J.: Applications of circumscription to formalizing commonsense reasoning, ***Artific ial Intelligence***, **28** (1984), 89--116.

[127] McDermott, D.: Nonmonotonic logic II, ***Journ al of the ACM*** **29** (1982), 33--57.

[128] McDermott, D. and Doyle, J.: Non-monotonic logic I, ***Artificial Intelligence*** **13** (1980), 41--72.

[129] Minker, J.: On indefinite deductive databases and the closed world assumption, D. Loveland (ed.), ***Proc. of the 6th International Conference on Automated Deduction***, 292--308, Springer, Be rlin, 1982.

[130] Minsky, M.: A framework for representing kno wledge, J. Haugeland (ed.), ***Mind-Design***, 95--128, MIT Press, Cambridge, Mass., 1975.

[131] Miyamoto, S., Murai, T. and Kudo, Y.: A fam ily of polymodal systems and its application to generalized possibility measure and multi-rough sets, ***JACIII*** **10** (2006), 625--632.

[132] Moore, R.: Possible-world semantics for autoe pistemic logic, ***Proc. of AAAI Non-Monotonic Re asoning Workshop***, 344-354, 1984.

[133] Moore, R.: Semantical considerations on nonm onotonic logic, ***Artificial Intelligence*** **25** (1985), 75--94.

[134] Munkers, J.: ***Topology***, Second Edition, Prenti ce Hall, Upper Saddle River, NJ, 2000.

[135] Murai, T., Kudo, Y. and Akama,, S.: Towards a foundation of Kansei representation in hum an reasoning, ***Kansei Engineering International*** **6** (2006), 41--46.

[136] Murai, T., Miyakoshi, M. and Shinmbo, M.: Measure-based semantics for modal logic, Lo wen, R. and Roubens, M. (eds.), ***Fuzzy Logic: State of the Arts***, 395--405, Kluwer, Dordrecht, 1993.

[137] Murai, T., Miyamoto, S. and Kudo, Y.: A lo gical representation of images by means of multi-rough sets for Kansei image retrieval, ***Proc. of RSKT 2007***, 244--251, Springer, Heidel berg, 2007.

[138] Murai,T., Miyakoshi,M. and Shimbo,M.: Sou ndness and completeness theorems between the Dempster-Shafer theory and logic of be lief, ***Proc. 3rd FUZZ-IEEE(WCCI)***, 855--858, 1994.

[139] Murai, T., Miyakoshi, M. and Shinmbo, M.: A logical foundation of graded modal operato rs defined by fuzzy measures, ***Proc. of the 4th FUZZ-IEEE}, 151--156, 1995.semantics for modal logic, {\it Fuzzy Logic: State of the Arts***, 395--405, Kluwer, Dordrecht, 1993.

[140] Murai, T., Nakata, M. and Sato: A note on fi ltration and granular resoning, Terano et al . (eds.), ***New Frontiers in Artificial Intelligence***, LNAI 2253, 385--389, 2001.

[141] Murai, T., Resconi, G., Nakata, M. and Sato, Y.: Operations of zooming in and out on possib le worlds for semantic fields, E. Damiani et al. (eds.), ***Knowledge-Based Intelligent Information Engineering Systems and Allied Technology***, 1083--1087, IOS Press, 2002.

[142] Murai, T. and Sato,Y.: Association rules from a point of view of modal logic and rough sets. ***Proc. 4th AFSS***, 427--432, 2000.

[143] Murai, T., Nakata,M., and Sato, Y.: A note on conditional logic and association rules. T.Tera no et al. (eds.), ***New Frontiers in Artificial Intell igence***, LNAI 2253, Springer, 390--394, Berlin, 2001.

[144] Murai, T., Nakata, M., and Sato, Y.: Associati on Rules as Relative Modal Sentences Based on Conditional Probability. Communications of Institute of Information and Computing Ma chinery, **5** (2002), 73--76.

[145] Murai, T., Sato, Y., Kudo,Y.: Paraconsisten cy and neighborhood models in modal logic. ***Proc. 7th World Multiconference on Systemics, Cy bernetics and Informatics,*** Vol.XII, 220--223, 2003.

[146] Nakamura, A. and Gao, J.: A logic for fuz zy data analysis, ***Fuzzy Sets and Systems*** **39** (1991), 127--132.

[147] Negoita, C. and Ralescu, D.: ***Applications of Fuzzy Sets to Systems Analysis***. John Wiley and Sons, New York, 1975.

[148] Nelson, D.: Constructible falsity, ***Journal of Sy mbolic Logic*** **14** (1949), 16--26.

[149] Nelson, D.: Negation and separation of conce pts in constructive systems, A. Heyting (ed.), ***Constructivity in Mathematics***, 208--225, North-Holland, Amsterdam, 1959.

[150] Ore, O.: Galois connexion, ***Transactions on Ame rican Mathematical Society*** **33** (1944), 493--513.

[151] Orlowska, E.: Kripke models with relative ac cessibility relations and their applications to inferences from incomplete information, G. Mi rkowska and H. Rasiowa (eds.), ***Mathematical Problems in Computation Theory***, 327--337, Poli sh Scientific Publishers, Warsaw, 1987.

[152] Orlowska, E.: Logical aspects of learning conc epts, ***International Journal of Approximate Reaso ning*** **2** (1988), 349--364.

[153] Orlowska, E.: Logic for reasoning about knowl edge, ***Zeitschrift für mathematische Logik und Gr undlagen der Mathematik*** **35** (1989), 559--572.

[154] Orlowska, E: Kripke semantics for knowle dge representation logics, ***Studia Logica*** **49** (1990), 255--272.

[155] Orlowska, E. and Pawlak, Z.: Representation of nondeterministic information, ***Theoretical Computer Science*** **29** (1984), 27--39.

[156] Pagliani, P., Rough sets and Nelson algebras, ***Fundamenta Mathematicae***, **27** (1996), 205--219.

[157] Pagliani, P., Intrinsic co-Heyting boundaries and information incompleteness in rough set analysis, L. Polkowski and A. Skowron (eds.), ***Rough Sets and Current Trends in Computing 1998***, 123--130, Springer, Berlin, 1998.

[158] Pal, K., Shanker, B. and Mitra, P.: Granular computing, rough entropy and object extracti on, ***Pattern Recognition Letters*** **26** (2005), 2509--2517.

[159] Pawlak, P.: Information systems: Theoretic al foundations, ***Information Systems*** **6** (1981), 205-218.

[160] Pawlak, P.: Rough sets, ***International Journal of Computer and Information Science*** **11** (1982), 341--356.

[161] Pawlak, P.: ***Rough Sets: Theoretical Aspects of Re asoning about Data***. Kluwer, Dordrecht 1991,

[162] Peirce, C: ***Collected Papers of Charles Sanders Pe irce***. 8 vols., C. Hartshone, P. Weiss and A. Bu rks, Harvard University Press, Cambridge, MA., 1931--1936.

[163] Polkowski, L.: ***Rough Sets: Mathematical Found ations. Pysica-Verlag, Berlin, 2002.***

※記載されていない参考文献は、第2巻を参照してください。

索 引

五十音順

《あ行》

《か行》

《さ行》

《た行》

アルファベット順

[著者略歴]

赤間 世紀（あかま・せいき）

1984 年	東京理科大学理工学部経営工学科卒業
同　年	富士通（株）入社
1990 年	工学博士（慶應義塾大学）
1993 ～ 2006 年	帝京平成大学情報システム学科講師
2006 年～	シー・リパブリックアドバイザー
2008 ～ 2010 年	筑波大学大学院システム情報工学研究科客員教授

[主な著書]

Elements of Quantum Computing（2015, Springer）
Introduction to Annotated Logics（2015, Springer, coauthor）,
Towards Paraconsistent Engineering（2016, Springer, editor）
Reasoning with Rough Sets（2018, Springer, coauthor）
DNA コンピュータがわかる本
ウェーブレット変換がわかる本
ウェーブレット変換がわかる本（実践編）
フィンテック入門
金融工学入門　（以上、工学社）

本書の内容に関するご質問は、

①返信用の切手を同封した手紙
②往復はがき
③ FAX (03) 5269-6031
（返信先の FAX 番号を明記してください）
④ E-mail　editors@kohgakusha.co.jp

のいずれかで、工学社編集部あてにお願いします。
なお、電話によるお問い合わせはご遠慮ください。

サポートページは下記にあります。

[工学社サイト]
http://www.kohgakusha.co.jp/

I/O BOOKS

「ラフ集合理論」入門 1 “粗い情報”の理論と推論への応用

2019 年 11 月 30 日　初版発行　

著　者　赤間　世紀
発行人　星　正明
発行所　株式会社 **工学社**
〒160-0004 東京都新宿区四谷4-28-20 2F
電話　(03) 5269-2041（代）[営業]
(03) 5269-6041（代）[編集]
振替口座　00150-6-22510

※定価はカバーに表示してあります。

[印刷] 図書印刷（株）

ISBN978-4-7775-2093-0